心の危機と臨床の知　6

花の命・人の命

土と空が育む

斧谷彌守一・編

人文書院

まえがき――「花」をめぐる感性の変容

戦後、高度経済成長下、西洋的なもの（特に、アメリカ的なもの）がモデルとなり、日本的な伝統行事は廃れ、一見、西洋的な（特に、アメリカ的な）感性が当たり前となった。西洋文化（特に、アメリカ文化）の圧倒的影響の下、景観、服装、芸能等々、日本人の感性的・身体的環境が激変した。

本巻は、「花の命」の生々しさと「人の命」の生々しさとの関係性を基軸に、現代日本の感性のあり方を考えてみよう、という問題意識から編集された。

先ず、生命という属性が分かりやすい動物から立論を始めてみよう。現代日本では、テレビ文化を背景として、漫画、アニメ、ゲーム等々が隆盛を極めている。日本発で世界に通用するアートの代表は漫画、アニメだ、と言われるようになった。漫画的キャラクターの「キティちゃん」は、「かわいい」（kawaii）という日本語と共に世界的に受容されている（二〇〇三年四月に、検索エンジンにローマ字で「kawaii」と入力し検索したところ、十七万八千件ヒットしたので驚いたのだが、この「まえがき」を仕上げるにあたり、二〇〇六年一月に同じことをしてみると、二七八万件ヒットしたので二度びっくりした）。日本では、この、のっぺりとした、陰影や奥行きのない口なし猫「キティちゃん」を二十代、三十代の女性たちが愛好し続けるという現象もある。キティちゃんに限らない。現代の若い女性たちは、何を見ても「かわいい」と言う。（この「かわいい」という問題については、二〇〇六年一月に刊行されたばかりの四方田犬彦『「かわいい」論』(ちくま新書)が、編者の考えていた論点にも触れているので、四方田氏とは異なる一つの視点を提示するのみに留めたい。)

四方田氏も触れているが、中世から文献に登場する「かわいい」という語は、小学館『古語大辞典』によれば、もともと、「痛ましくて見るに忍びない。気の毒だ。ふびんだ」という意味だった。それが、だんだんと「愛らしい。かわいらしい。子供っぽい」という意味に変わってくるのに伴って、江戸時代には、「痛ましくて見るに忍びない。気の毒だ。ふびんだ」という元来の意味を表すために「かわいそう」という新しい語が生まれてきた。「かわいい」という語は、現在では「愛らしい。かわいらしい。子供っぽい」という意味の方に固定しているように見える。現在では、「かわいい」と「かわいそう」という語が截然と分化しているわけだが、分化が固定化する以前には、同じ「かわいい」という語に、「気の毒だ、痛ましい」という意味と「愛らしい」という意味が同居していた時期があった、と考えられる。

実は、現代日本で「かわいい」という言葉を使う場合にも、愛らしくて、小さくて、幼くて、弱くて、愛おしいものを慈しみたい、保護したいという無意識レベルのニュアンスがあるように思える。今でも、そこに「気の毒だ、痛ましい」という感覚が、ほんのかすかに残っているのではないか。四方田氏は、保護する側が、保護される側を「かわいい」と感じることの政治性を指摘している(一一一頁)。

しかし、それだけではない。日本語の「かわいい」に、愛らしくて、小さくて、幼くて、弱いものに対する慈しみの気持ちが今でもかすかに含まれている可能性があるということは、別の視点を喚起する。本来、弱いものへの慈しみには、その弱いものが生きものであるという、ある種の生々しい生命感覚が必ず伴っているはずである。例えば、自分の家で飼っている犬を「かわいい」と思う場合、犬に食事をさせ、排便させ、散歩に連れて行き、吠え声の異常に気を遣い、という具合に、犬を生命そのものとして遇し、犬と生命同士の付き合いをする。そのような場合に、犬は「かわいい」のである。しかし、二十代、三十代の若い人たちがキティちゃんを「かわいい」と言う場合には、そのような生々しさの感覚が忘れられつつあるのではないか。

その点を強く実感させるのが、キティちゃんが口なし猫であることである（もっとも、アニメでは口があるようだが）。四方田氏によると、あるアメリカ女性が「ハローキティに口がないのはアジアの男性優越主義が女性に沈黙を強要していることの証である」と指摘しているとのことだが（一六頁）、多分そうではない。むしろ、「キティちゃん」に口がないのは、摂食・排便という生理過程、いずれ死んでいくという生命過程がないということなのだ。記号化された「キティちゃん」には、本来の生命に備わる生々しい内臓感覚、死を孕んだ生命感覚が欠落している。

その意味で象徴的なのは、最近、関西では、阪神パーク、宝塚ファミリーランド、あやめ池遊園地のような旧いスタイルの遊園地が相次いで廃園になったことである。そこには動物園があったのだが、その動物園がなくなった。逆に、新たに増殖してきたのが、テーマパークと水族館である。しかし、テーマパークには本物の動物はいない。水族館はガラスで仕切られている。現代の「かわいい」からは、動物的な生々しい臭いが消去されつつある。

（この「まえがき」の執筆中に、たまたまアニメ作家の富野由悠季氏とキティちゃんについて一言話す機会があった。その際、富野氏は、キティちゃん現象に、かつて抑圧されていた幼児性が解放されるという側面を見て取ることができる、と指摘された。確かに、かつて「おんな・こども」だけで密かに共有されていた秘め事が堂々と世間に出てきた、という側面があるだろう。）

本巻のテーマである「花」の場合は、どうなのか。「花」は、古今東西、美のはかなさを象徴するものとされてきた。日本では、万葉、古今以来、花がさまざまに歌われ、描かれ、演じられ、論じられてきた。花は日本人の感性・美意識の中心を占めてきたテーマであり、花鳥画という伝統も定着している。西洋にも、「花のブリューゲル」と呼ばれるヤン・ブリューゲル、夢幻的な花を描いたルドン、燃え盛る向日葵を描いたゴッホのような画家たちがいるし、「悪の華」を書いたボードレールのような詩人もいる。

花はまた、宝相華文《ほうそうげもん》、蓮華文、アール・ヌーヴォーの文様のような、一見抽象的に見える植物文様の形でさまざまな器物の装飾として使われてきた。この数年来、日本発のアートの代表として、村上隆の作品が世界的に評価され、二〇〇三年には、村上隆の「チェリーブラッサム」という桜の「花」がルイ・ヴィトンのバッグを飾り、話題を呼んだ。村上隆は東京芸大日本画科の出身であり、日本の伝統的な「花」の美学とアニメ文化が融合したかに思われる村上隆の「花」は「かわいい」と称される。このように花には、美しく「かわいい」飾りとして消費されるという側面がある。花は元々、単にかわいい飾り、あるいはせいぜいのところ、美々しく荘厳《しょうごん》する飾りだったのだろうか。「飾り」としての花は、「生命」としての花というあり方から枝葉末節へと頽落した様態ではないか。

現代人は東洋の花鳥画や和歌を、穏やかで美しくはあるが衛生無害で微温的なものとして受け止める傾向がある。日本には本居宣長以来、桜が美しく散るという「散華」の美学がある。けれどもこの無常の美学が日本の美

図1　「金銅宝相華文経箱」1031（延暦寺蔵）

図2　村上隆「チェリーブラッサム」2003

意識を代表するものなのか。「散華」の美学が花の「生」と「死」を念頭に置いていることは確かだが、「散華」の美学は「死」の方向に極端に偏っている。ハイデガーが「夜」と「昼」を一体化して考えるように、「死」と「生」は一体化しているのではないか（このことは、ブロイラー以来の「アンビヴァレンツ」の考え、ユングの「反対物の結合」の考えにもつながってくる）。「死」がなければ「生」はないし、「生」がなければ「死」はない。「死」と「生」は単に相互依存のペアであるだけではない。「死」と「生」は互いに浸透しあっている。

たとえば「ひさかたの　光のどけき　春の日に　静心なく　花の散るらむ」という歌は、一般には、はかなさの美をのどかに歌っているように解されているが、この歌に耳を澄ましていると、広大な光の情景の中に包み込まれつつ、桜の「命」と人の「命」が同調し、共振し始めるのが感知される。そこに現出しているのは、切なくも激しい「命」の振動であって、単に無常な「散華」、単に桜の花のはかない死の情景ではないし、ましてや、単なる衛生無害な美しさ、お題目としての「はかなさ」ではない（拙論「静心なく花の散るらむ――命の桜」二〇〇五年、「甲南大学紀要・文学編」一三七参照）。

花は大地に根ざし、天空に向かう。植物は土の中から芽生え、茎を伸ばし、その末端に花を咲かせる。花の種は、水、土、空気、日ざし、重力などの恵みを受けて、花へと花開く。その花は、滅びの前に次世代を産み出すための剝き出しの生殖器官である。花の美しさには、生々しい生と死が宿っている。

荒木経惟は、腐臭を放つ花を撮る。シリーズ「死情」は、しぼんでいくバラの花を敢えてモノクロームで撮っている。この写真には、単にきれいごととしての花の美しさではなく、花の持っている生と死の狭間の妖しさの気配が漂っている。「死」に接近しているとはいえ、潔く散っていく「散華」の美しさではなく、垂れしぼみ、みずみずしさを失い、しなび、腐敗していく、生から死への行程そのものが写し取られている。

宗教的・心的イメージとしての曼陀羅は、具足円満の「花」である。箱庭療法など、イメージを用いた心理療法の過程でこの花が出現することがある。しかし、この花を単に形式的な全体性として知的に理解することには、

図３　荒木経惟「死情」2001

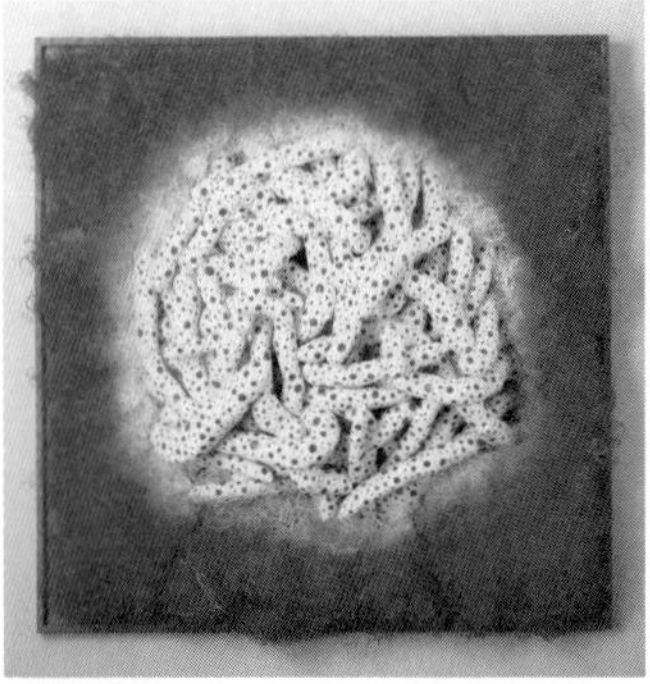

図４　草間彌生「花片」1986（モマ・コンテンポラリー蔵）

ほとんど何の意味もないだろう。無意識という土壌から、曼陀羅という花は、どのように生身の花として花開くのか。

一見抽象的な草間彌生の花には、増殖へのエネルギーが蠢《うごめ》いている。草間彌生の「花片」は、一見、多数の花片（花びら）が集まって曼陀羅のような構造を作っているように見える。しかし、赤い枠の中に蝟集している得体の知れないものは何なのか。花片（花弁）なのか、ペニスなのか、網膜の錘状体なのか。そして、そのものの一面に赤い水玉が撒き散らされている。草間において、強迫的と称される例の水玉模様だ。この絵が曼陀羅のように見えるとしても、完成されたそれではない。ここにあるのは、赤い斑点を撒き散らされた得体の知れない棒状のものが蝟集し、蠢いている現場であり、曼陀羅が生成していくかもしれない途上の現場である。

二〇〇五年は阪神・淡路大震災一〇周年の年に当たっていた。一九九五年一月十七日の厳冬期に阪神・淡路大震災は起きた。あの時、根こそぎにされた木もあったが、大地に深く根ざした木が家を倒壊から守る姿も見られた。震災当初、あまりにも悲惨な状況の中では植物に目の向かなかった人が多かった。しかし、しばらくすると、春の訪れとともに、瓦礫の傍らに植物が芽生え、花の咲く様に気づくようになった。その様は、生きたいという強い願いを喚び覚ました。つまり、人間と植物の間の交流が行われた。花や緑によって人間は励まされ、あるいは癒しを感じた（そのような体験を多くの人が共有したからこそ、兵庫県では、二〇〇二年、公的なものとしては日本で最初の園芸療法士養成のための機関、兵庫県立淡路景観園芸学校が設立されたのである）。

震災の火事で焼かれ黒焦げになった木が生き延び、人々を励ましているという事例もある。神戸市長田区、御《み》蔵《くら》南公園に立っているクスノキは、黒く焼け焦げ、炭化した跡が今でも残っており、保護するために網がかかり、添え木がされている。半分以上焼けたという。ざっくりと口を開いたところ、つるりとした白いところもある。焼けただれて、その跡が剝落したのだろう。今は非常に元気ではあるが、この木の傷跡がすべて癒えて完治するにはほぼ四〇年かかるだろうと言われている。このクスノキを見ていると、木の持っている生命性が、人間に非常に力強く伝わってくる。このように植物の生命性と人間の生命性は通い合うのではないか。

植物は天地の恵みを感受しつつ生きている。解剖学者、三木成夫はかつて、人間という動物にも宇宙レベルの「遠」を感じ取る力があると指摘した。人間という動物と花咲く植物との間には、ある種の相同性（homology）［発生学・進化学の用語］があるのではないか（本巻所収の拙論参照）。我々が花を愛でるとき、我々は単に美しい飾りとしての花を愛でているのではないだろう。岡本かの子は「桜ばな　いのち一ぱいに　咲くからに　生命（いのち）をかけて　わが眺めたり」と歌っている。まさしく、花の「命」と人の「命」が交感し合う「一所懸命」な姿である。白川静によれば、「相」という漢字は、「木」と「目」とが相《あい》対しつつ呪的な関係に入ることを表す、という。人間と植物は、やはり、同じ「生命」として交感し合うことができるのではないか。

図 5　御蔵南公園の楠（神戸市長田区）

山口華陽の「木精」という絵は、樹齢四〇〇年のケヤキの根元を描いている。木という生命体が発している生命エネルギー、精気のようなものが辺り一面に漂っているのが感じられる。右上にミミズクがいる。ミミズクは木の精気の中に包み込まれている。人間と植

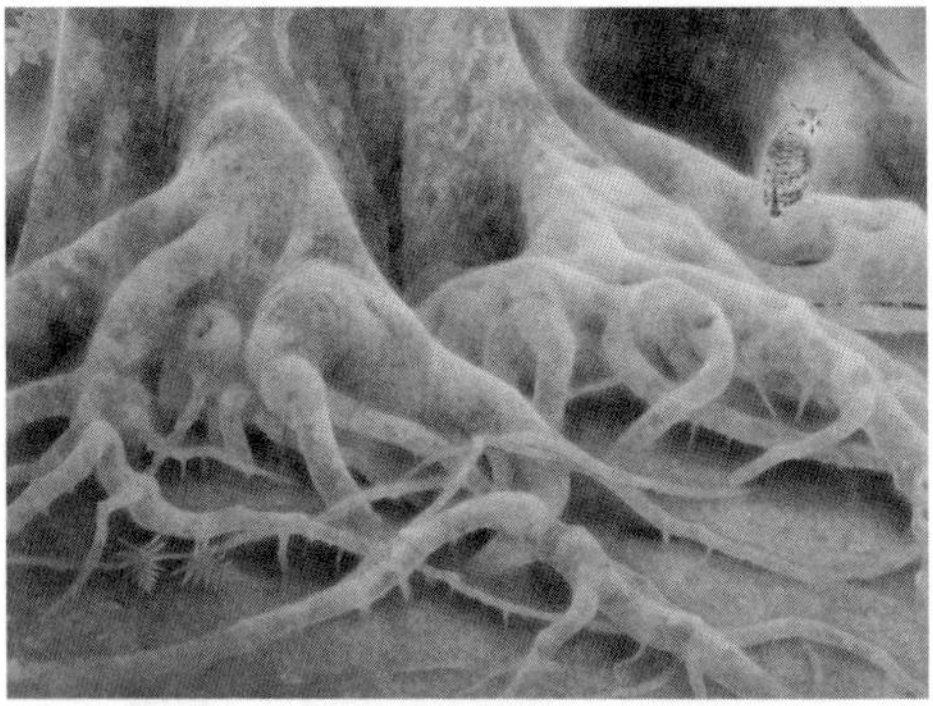

図６　山口華楊「木精」1976（山種美術館蔵）

図７　千住博「夜桜満開（部分）」2004

物が同じ「生命」として交感し合うとすれば、ミミズクという生命の位置に人間という生命がいてもいいのではないか。

千住博「夜桜満開」は、不気味な雰囲気を漂わせている。実際、東京日本橋の高島屋でこの絵を見たとき、そばにいた人が「怖い！」と叫んでいた。桜が満開であるということは、生命の絶頂でもあるが、自らの滅びが近づいているということでもある。ここには、生と死が綯い交ぜになった妖気のようなものが漂っている。その妖気をいやがうえにも高めているのが、背景の夜の闇である。千住博の一見端正な世界からはいつも、水や砂のような無機物からさえも漂う生命感覚の震え・揺れ動きが感じられる。

一般に、日本画は装飾性に優れていると言われ、花鳥画などには、装飾的なきれいごととしか見えないものも多い。しかし、山口華楊や千住博について触れたような精気・妖気を漂わせる芸術の伝統、単にきれいごととしての芸術ではなく、はかなさや無常観に尽きるのでもない、生死が綯い交ぜになった激しい情念を感じさせる芸術の伝統も、日本には連綿と存在している。古くは、縄文時代に始まり、現在では、たとえば岡本太郎や横尾忠則に顕著な形で引き継がれてきた伝統である。

草間彌生「再生の瞬間」では、美術館のフロアから赤い色をした気味の悪いものがニョキニョキ、クネクネと生えている。この赤いものは、植物のようにも見えるし、ペニスのようにも見える。例によって、黒の網状水玉模様で覆われている。通常は、土から植物がニョキニョキと生えてくる。土には水分や有機的な栄養が含まれ、天空からは日の光が差してくる。草間の植物様のものは、水分も栄養もない無機的な美術館のフロアから生えてくる。そこに差してくるのも人工照明である。草間のこの作品は、生え方の悲しさのようなものを感じさせる。草間の作品は常に、生成過程の中途を提示しているように思われる。この作品の場合は、植物が土に生えるようになるかもしれない行程の中途である。

三岸節子「さいたさいたさくらがさいた」は、日本に無数に存在する桜の絵としては異例のものである。一見、抽象的に見えるが、抽象的なコンポジションを狙ったものではない。迫ってくるのは、圧倒的な力動感である。桜の花が集合し、うねり、巨大な渦巻きになっている。この生命のエネルギーの巨大な渦巻きは矛盾した性質を孕んでいる。一方では、生命エネルギーの蝟集によって生じた、たわわな生命の重さが感知され、他方では、そ

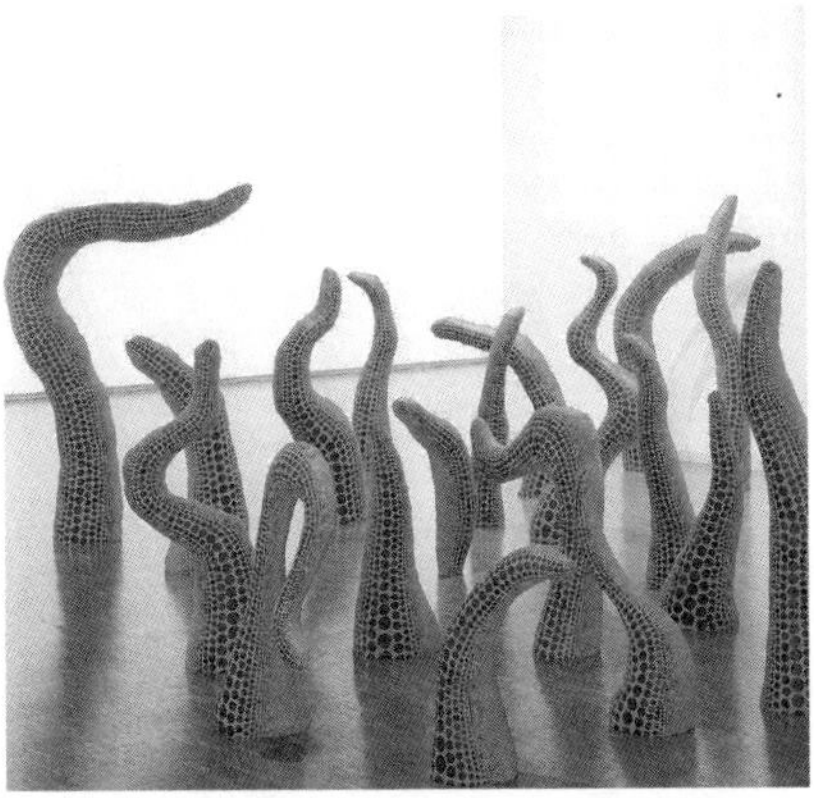

図8　草間彌生「再生の瞬間（部分）」2004

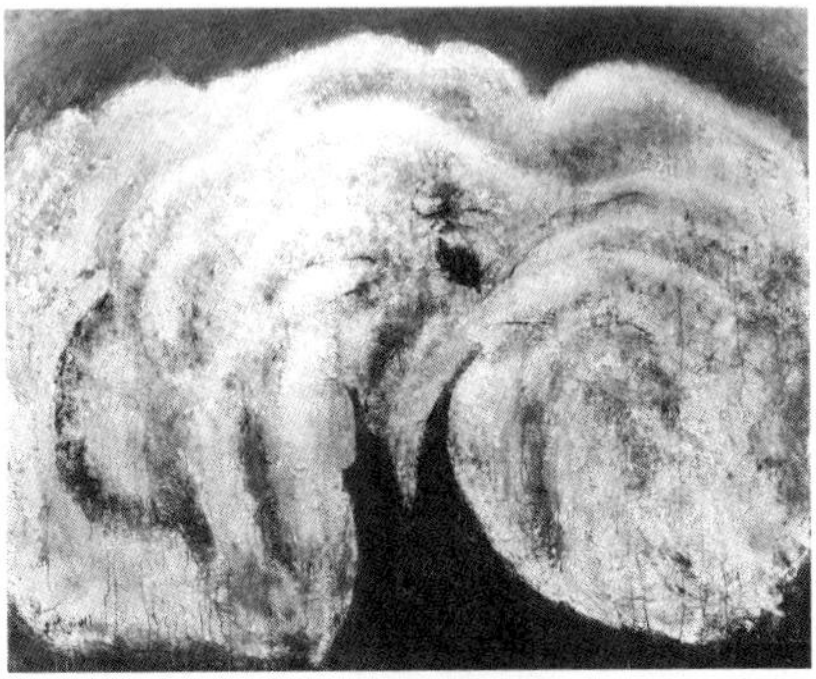

図9　三岸節子「さいたさいたさくらがさいた」
1998（一宮市三岸節子記念美術館蔵）

こにある種の軽やかさも感じられる。軽やかさが感じられるのは、生命エネルギーが渦巻き、ついには、翼と化そうとしているからだと思われる。ここに現出した桜の花は、潔く「散華」するどころか、生命エネルギーの渦巻きとなり、最後には生命の翼と化して昇天していくようにさえ思われる。更に驚異的なのは、一九〇五年生まれの三岸節子がこの作品を一九九八年に描いた、つまり、九十三歳のときに描いた、ということである。

「はな」(「花」「鼻」「端」)、「は」(「端」「葉」「歯」)という語群は元来同語源であると言われており、「はな」「は」は「生命活動の突端」であるという説がある(中西進)。単に「はかなさ」のような、あまりにも言い古されてきたが故に衛生無害で微温的なものにしか思えない「花」の既成概念を一先ずは敢えて排して、生命性の横溢としての「花」と人間の生命性の横溢との関係性の原点を見つめよう、というのが本巻の趣旨である。

以上のような趣旨から編集された本巻は、甲南大学人間科学研究所の研究プロジェクト「現代人の心の危機の総合的研究——近代化の歪《ひず》みの見極めと、未来を拓く実践に向けて」(文部科学省学術フロンティア推進事業)の一環として企画された共同研究プロジェクトから生まれたものである。この共同研究プロジェクトは当初「感性の変容」と呼ばれていたが、やがて「花」に焦点を合わせることになったのに伴い、「花の命・人の命」と称することになった。この共同研究では、「花」(植物)の生々しい生命性と人間の生々しい生命性との関係性を考えることにしたのである。その際、「花」の命の「はかなさ」を歌ってきた古典的な日本文学や、静穏な花鳥画の世界を描いてきた日本画の伝統に立ち戻るのではなく、これまでそのような伝統の底流に流れ続けていた原点を探ろうとした。

メンバーとしてご参加いただいたのは、岡山大学教授・金関猛氏(比較文化学)、京都大学教授[当時]・京都国立近代美術館館長[現在]・岩城見一氏(美学・芸術学)、兵庫県立美術館学芸員・服部正氏(西洋美術史学・アウトサイダーアート)、甲南大学教授・高阪薫氏(近代日本文学・沖縄文学)、大阪府立大学教授・川戸圓氏(臨床心理学・ユング心理学）の文系研究者に、甲南大学教授・田中修氏（植物生理学）、兵庫県立大学教授・兵庫県立淡路景観園芸学校教授・浅野房世氏（園芸療法）、隈病院顧問医師・加藤清氏（精神医学）の理系あるいは理系出身の研究者を加えた八名の方々であり、それにコーディネーターの斧谷と合わせて九名である。ほとんど類例のないと思われる文理融合型の組み合わせとなった。この九名によって二〇〇四年七月より六回の研究会を重ね、二〇〇五年七月二十四日には、兵庫県立淡路景観園芸学校との共催の形で公開シンポジウム「花の命・人の命——震災一〇周年を記念して生命（いのち）を考える」を開催した（ご都合があり、服部氏はシンポジウムには参加されなかった）。シンポジウムの司会は人間科学研究所所長の甲南大学教授・森茂起氏（臨床心理学）にお願いした。

以上のような経緯を踏まえて、本巻が成立した。各論者には、いずれも期待に違わぬ力作をお寄せいただいた。「花」に関する論集を編むということになれば、一つの範例となるのが、例えば、中西進・辻惟雄編『花の変奏——花と日本文化』（一九九七年、ぺりかん社）のような論集であろう。このような論集のことが絶えず編者の念頭にあり、編者としては、そのような伝統的美意識とは一線を画したものにしたいと考えつつこの企画を進めたのだが、所期の構想は相当程度に達成されたのではないかという感懐を抱いている。

各論考はそれぞれに独立したものなので、読者は気が向いたところから順序不同の形で読み進めていただいていいのだが、どこから読み始めるかの目安を得ていただくために、ここで各論考を簡単に紹介しておきたい。

第一部には、文学史・文化史・神話学的な「花」へのアプローチが配されている。しかし、いわゆる「はかなさ」の美学の立場は取られていない。金関論文は、梶井基次郎の有名な「桜の樹の下には屍体が埋まっている」という文の底に隠された神話的世界が古今東西に広がり、断絶する様を探る。高阪論文は、ヤマトンチュとは異なるウチナンチュの花の捉え方を扱い、ニライカナイ信仰と結びつく形で沖縄の花が「テダ」（太陽）の霊力を宿していた様を描写する。

第二部には、「花」そのものとの触れ合いから生まれた論考を置いた。田中論文は、十五分の単位で夜の長さを測り、冬の寒さとの出会いを待ち受け、鮮やかな花の色によって活性酸素の害を消去し、近親婚を避けようとする花々の命の営みを述べる。浅野論文は、患者が植物の命と関わり、植物の時間に合わせることによって、患者の心身が生の方向へ向き直るのを援助する園芸療法について報告する。

第三部には、「花」において生命性が幾重にも密に重なり合う様を描いた論文が並ぶ。服部論文は、アウトサイダーアートの人たちが、平均的常識やアーティストとしての戦略に捉われることなく生命性を必然的に発現させようとする行為そのものを「花」とする。川戸論文は、世阿弥における「花」の三様の用い方に触れ、夢幻能におけるシテとワキの関係に、治療場面における夢の語り手と夢の聞き手の関係を重ねる。加藤論文は、生命性、霊性としての「花」をめぐって文字通り古今東西を自在に駆け巡りつつ、最後に、「花」が宇宙と交信した結果が薬効として人間に及ぶことを説く。

第四部には、言葉と「花」をめぐる論考が控えている。斧谷論文は、ハイデガー、三木成夫、ゲーテ、フロイトに拠りつつ、「花が花開く」ことと「言葉が花開く」こととの間に相同性を想定する。岩城論文は、カント、ヘーゲルに拠りつつ、「理性」(言語記号能力)が美しい「花」のみならず、危険な「徒花」を咲かせる可能性があることを指摘し、言語記号システムをも含む動的システムを「表現活動」によって活性化する肝要性を説く。

巻末には、前述のシンポジウムの「パネルディスカッション」を収めた。各論考との重なりもあるが、話し言葉で分かりやすいだろうし、全体の構成が立体的に見て取りやすいかもしれないので、最初にお読みいただくのも一つの手かもしれないと思う。

この共同研究プロジェクトのコーディネーターを務めたのは斧谷であるが、周囲の方々のご協力があって初めて、この企画を進めることができた。先ず、「花」の生命性をめぐる私の挑発に乗ってくださったり、逡巡してくださり、研究会、シンポジウムにもご協力いただいた執筆者の方々に心からの謝辞を申し述べたい。ミーティングや研究会の場で適切なアドバイスをいただいた人間科学研究所のメンバーの方々、シンポジウムの司会をお引き受けいただいた森茂起さんに感謝申し上げます。研究会、シンポジウム、紀要編集などの煩瑣な作業をしていただいた三人の博士研究員にも感謝します。私の人間科学科主任の仕事と重なり、この「まえがき」執筆の遅延でご心配をおかけした人文書院の谷誠二さんには、お詫びとともに深謝申し上げます。最後に、この出版事業をも含めた人間科学研究所の活動に財政的にもご支援いただいている甲南大学に御礼申し上げます。

二〇〇六年一月十六日　刀根山にて

編者　斧谷　彌守一

図版出典

図1　「金銅宝相華文経箱」一〇三一年（延暦寺蔵）、図録『金色のかざり―金属工芸にみる日本美』京都国立博物館、二〇〇三年、八九頁。
図2　村上隆「チェリーブラッサム」二〇〇三年。
図3　荒木経惟「死情」二〇〇一年、荒木経惟『花人生』何必館・京都現代美術館、二〇〇二年所収。
図4　草間彌生「花片」一九八六年（モマ・コンテンポラリー蔵）、図録『草間彌生　ニューヨーク／東京』東京都現代美術館・淡交社、一九九九年、一〇六頁。
図5　御蔵南公園の楠（神戸市長田区）二〇〇五年、編者撮影。
図6　山口華楊「木精」一九七六年（山種美術館蔵）、図録『山口華楊展』山口華楊展運営委員会、一九八二年所収。
図7　千住博「夜桜満開（部分）」二〇〇四年、図録『美の鼓動・二十五年の軌跡―千住博展』ミレーヴ研究所、二〇〇四年所収。
図8　草間彌生「再生の瞬間（部分）」二〇〇四年、図録『草間彌生』東京国立近代美術館他、二〇〇四年、二二六頁。
図9　三岸節子「さいたさいたさくらがさいた」一九九八年（一宮市三岸節子記念美術館蔵）、図録『三岸節子展　永遠の花を求めて』朝日新聞社、二〇〇五年、一二三頁。

花の命・人の命——土と空が育む　目次

花の命・人の命

——土と空が育む

第一部　「花」の来歴

梶井基次郎「桜の樹の下には」について
――コノハナノサクヤビメとのかかわりをめぐって

金関　猛

桜の樹の下には屍体が埋まっている[1]

というあまりにも有名な一文で始まる「桜の樹の下には」を梶井基次郎（一九〇一～三二）が『詩と詩論』に発表したのは一九二八年のことだ。これは二〇〇〇字に満たない小品である。しかし、この作品は数多くの読者に強烈な印象を与え、またそれ以降の日本文学に大きな影響を及ぼした。とりわけ坂口安吾の『桜の森の満開の下』（一九四七年）、大岡昇平の『花影』（一九六一年）、渡辺淳一の『桜の樹の下で』（一九八九年）などははっきりと梶井を意識して創作された作品である。最初、雑誌に発表された「桜の樹の下には」は、その後、一九三一年に単行本『檸檬』に収録され、そのさい、末尾の数行を削除するという変更が加えられた。それ以降、文庫版などで普及しているのは、この変更を加えたバージョンである。

梶井の「桜の樹の下には」は、語り手である「俺」が「おまえ」に向かって語りかけるという形式で構成されている。しかし、「俺」がどういった人物であるのかは特定できない。「俺」というのだから男であるのは確実だが、「おまえ」のほうは、性別さえ定かではない。「おまえは何をそう苦しそうな顔をしているのだ」とか、「おまえは腋の下を拭いているね」という語り手の言葉からは、「俺」の眼前に「おまえ」がすわっているという状況が思い浮かぶ。そして、「腋の下を拭く」という仕草や、あるいは、この作品のエロティックな内容からは、「俺」の前にいるのが女なのだろうという想像はできる。冒頭の文に続いて、「俺」は「これは信じていいことなんだよ」と「おまえ」を説得するような口調で話しかける。しかし、それに対する「おまえ」からの返答はない。また、作品全体においても、「苦しい顔」をしたり、腋の下を拭くという動作以外、「おまえ」からのその場の反応はない。作品は「俺」のモノローグに終始する。しかし、「俺」は「おまえ」への語りかけによって、明らかに「おまえ」からの共感を求めている。実際、末尾近くで「俺達の憂鬱は完成するのだ」という文において、「俺」は「俺達」という代名詞に「おまえ」を巻き込み、そのことによって「おまえ」との一体化を果たす。もちろん、それに対する「おまえ」からの同意の言葉はない。複数一人称の代名詞にもかかわらず、どうも「俺」は「俺」のまま、孤独であり続けるようだ。

冒頭の一行に続いて、「俺」は、満開の桜の花に「この二三日不安」を感じていたのだと言う。「俺」にはその「その美しさがなにか信じられないもののような気が」するというのである。

一体どんな樹の花でも、所謂《いわゆる》真っ盛りという状態に達すると、あたりの空気のなかへ一種神秘な雰囲気を撒き散らすものだ。それは、よく廻った独楽が完全な静止に澄むように、また、音楽の上手な演奏がきまってなにかの幻覚を伴うように、灼熱した生殖の幻覚させる後光のようなものだ。それは人の心を撲《う》たずにはおかない、不思議な、生き生きとした、美しさだ。

樹の花は樹の生殖器の役割を果たす。桜花の満開はいわば性の祭典である。そこには「生き生きとした、美しさ」が示現する。それは「灼熱した生殖」の陶酔感や絶頂感を幻覚させる美でもある。しかし、「俺」にはその美しさが「なにか信じられないもの」のように思え、そして、それゆえに「不安になり、憂鬱になり、空虚な気持」を味わうのだという。それは、咲き誇る桜の美が、なにか名状しがたいものを覆うベールであり、その内になにかしら無気味なものを隠しているのを予感させるからだろう。生殖の祭典、いわば、ディオニュソスの祭儀がただただ美しく、清らかなものであるはずはない。そうした桜花のエロスの美に不安を覚える「俺」は、その地下に「屍体が埋まっている」のを幻視する。

馬のような屍体、犬猫のような屍体、そして人間のような屍体、屍体はみな腐爛して蛆が湧き、堪らなく臭い。それでいて水晶のような液をたらたらとたらしている。桜の根は貪婪な蛸のように、それを抱きかかえ、いそぎんちゃくの食糸のような毛根を聚《あつ》めて、その液体を吸っている。

地中の屍体は腐敗して、もはや生き物としての形を失い、悪臭を放っている。しかしまた、そこにはすでに蛆という新たな生命が湧き出している。そもそも「腐爛」そのものが、微生物の生の営みによって生じる現象でもある。そして、その生の営みによって、地中の屍体からは「水晶のような液」が泌み出してくる。生と死のカオスの中へ幾重にも分かれて伸びる桜樹の根は、ここで「蛸」や「いそぎんちゃく」にたとえられている。それらの海中の生物は、「液」、「液体」という語と結びついて、連想を海へとつなげる。そして、「抱きかかえる」、「液体を吸う」という表現は、母という想念を喚起し、さらに母なる海、生命の始まりの場としての海のイメージへと読む者の連想を拡げていく。

この母胎としての海という連想はそのあとに現れる「アフロディット」の名によってさらに強化される。「俺」は、いまの時点から「二三日前」、「渓《たに》へ下りて」いったときの出来事を思い出す。「俺」は、「水のしぶきのなかから［中略］薄羽かげろうがアフロディットのように生まれて来て、渓の空をめがけて舞い上がってゆく」のを見たのだという。神話によれば、アフロディテは、ゼウスの父神クロノスがその父ウラノスの男根を切断し、海に投じたとき、そのまわりに湧いた泡から、つまりそのさいの「水しぶき」から生まれたのである。去勢された男根からまき散らされた精液は白い泡となって、母なる海水に浮かび、そこからアフロディテが誕生する。それ自体、母胎を連想させる谷間の川に流れる水は、アフロディテを育んだ海の水でもある。そうした「渓」の水から生まれ、「空をめがけて舞い上がってゆく」無数の薄羽かげろうは、空中で「美しい結婚」をする。しかし、生殖という使命を果たしたかげろうたちは、その直後に生を終える。(2)

暫《しば》らく歩いていると、俺は変なものに出喰わした。それは溪の水が乾いた磧《かわら》へ、小さい水溜を残している、その水のなかだった。思いがけない石油を流したような光彩が、一面に浮いているのだ。おまえはそれを何だったと思う。それは何万匹とも数の知れない、薄羽かげろうの屍体だったのだ。隙間なく水の面を被っている、彼らのかさなりあった翅《はね》が、光にちぢれて油のような光彩を流しているのだ。そこが、産卵を終わった彼らの墓場だったのだ。

もちろんこの叙述はその前の桜に関する叙述とパラレルな関係にある。かげろうは、「薄羽かげろう」と名指されることによって、ことさらにその薄い羽が強調される。その透明な羽は桜花の花弁のイメージと重なり合う。そして無数の薄羽かげろうの空中での「美しい結婚」は、生殖の祭典としての満開の桜に結びつく。桜の場合も、かげろうの場合も、上方には結婚と生殖の営みがあり、下方には海と屍体がある。河原の水たまりには「何万匹とも数知れない、薄羽かげろうの屍体」が浮かび、そしてそこには「石油を流したような光彩」がきらめく。石油は原始の生物に由来する。石油の起源となったのは、「太古の海や湖の底にたまったプランクトンや藻類、あるいは河川によって運び込まれた陸上生物の遺骸(3)」であり、石油は、堆積した屍体が微生物によって分解されることによって生み出される。もちろんそうして生じるのは、黒く濁った粘液状の原油であり、地中のそれは「馬のような屍体、犬猫のような屍体、そして人間のような屍体」から分泌される「水晶のような液」とは異質のものである。しかし、精製された原油は透明な液となり、それは、水面に広がると、虹のような光彩を放つ。そしてさらに、谷間の「墓場」に溜まる液体から「光彩」が放たれるというイメージは、「毛根の吸いあげる水晶のような液が、静かな行列を作って、維管束のなかを夢のようにあがってゆくのが見える」という語り手の幻想と対をなす。虹のような光は、夢のように美しく、またとらえがたい。しかし、本来の夢が強固な願望から生じるように、水たまりの淡い光彩も、桜の幹を昇る夢も、生き終えたものの内になおも残る強大なエネルギーから生じたのであり、それらは決して儚いものとは言えないだろう。桜樹の幹を昇る夢は、中空で生の「真っ盛り」を成就するのであり、また、墓場の光彩はその生の絶頂の残夢でもある。

エロスの美がそれ自体で成り立つはずはないと確信する「俺」は、「惨劇」を必要とするのだという。そして、桜樹の地下に幻視するタナトスの醜によって、「俺」は心の平衡を回復し、落ち着きを得る。「俺の心」には「憂鬱が完成」し、「俺の心は和《なご》んでくる」。そして、心を和ませる「俺」は――奇妙なことに――村人たちの花見の宴を思い浮かべる。

今こそ俺は、あの桜の樹の下で酒宴をひらいている村人たちと同じ権利で、花見の酒が呑めそうな気がする。

これが、散文詩でもあるようなこの小品の――一九三二年以降の版の――末尾の文である。シュールリアリスティックとも言えるようなイメージの奔流が渦巻く作品は、いわば伝統への回帰というところで終わっている。もちろん酒宴をひらく村人たちが、「腐爛して蛆の湧く屍体」や、「貪婪な蛸のような桜の根」を思い描きながら、桜の樹の下で酒を酌み交わしているなどとは想像できない。しかし、村人たちが口にする酒も微生物によって

「腐爛」（発酵）した米から抽出された透明な液体である。そして、桜樹の幹を水晶のような液体が「夢のようにあがってゆく」ように、体内に吸収された酒は、村人たちの脳に昇り、そこに夢をもたらす。腐敗物から泌み出た液体の浄化というイメージは、桜樹の下の「水晶のような液」から、石油を経由し、最終的に村人たちの飲む米の酒へと収斂する。

「村人たちと同じ権利」を得たような気がするという「俺」は、花見の酒宴にエロスとタナトスの平衡が保たれているのを感じとる。しかし、「花見の酒が呑めそうな気がする」という言い回しには、村人たちへの微妙な距離感がある。それは、村人たちがそうした平衡を意識することがありえないことを「俺」がはっきり認識しているからであるにちがいない。「俺」はむしろ、村人たちが、桜樹を介した死と生殖の平衡を、無意識的に土俗の伝統として継承しているのを感じとっているのだろう。それに対して、「俺」はすでにそうした土俗からは疎外された存在である。しかし、「俺」の感じとった村人たちの桜の捉え方は、実際、日本における現実の伝統的な桜観を反映しているのではないだろうか。これは詩的な短編小説において、しかも空想的な語り手の言葉として言われたことでしかない。むろんそれをなんらかの根拠として、そうした捉え方が現実の日本の伝統的な桜観であるなどと断定することはできない。しかし、「桜の樹の下には屍体が埋まっている！」という一文は、実際、非常に大きな衝撃とともに広範囲の人々に受け入れられたのである。その一文の説得力を考えるとき、桜樹の下に埋められた屍体という想念が現実の人々の無意識に宿っていると想定するのはそれほど的はずれなことでもないだろう。

この作品については、さらに「安全剃刀の刃」について、あるいは「俺」と「おまえ」の関係についてなど、ほかになお論じるべきことがある。しかし、それに関する考察は後に回すことにして、桜樹の下の屍体というイメージの源泉についてまず考えてみることにしたい。

梶井は、桜樹の下の屍体というイメージについて、語り手に「いったいどこから浮かんで来た空想かさっぱり見当のつかない」ものだと言わせている。梶井自身こうしたイメージの源泉を明かしてはいないし、それについてはすでにさまざまな推測がなされている。「桜の樹の下には」の執筆のころ、梶井はボードレールに傾倒していた。この作品についても、ボードレールの影響が指摘されることがしばしばある。とりわけ、ボードレールの『パリの憂鬱』のなかの「射的場と墓地」には、

はたして光と熱とがそこに猛威をふるっているさまは、まるで酔った太陽が死者を肥料として育った華麗な花々の絨毯の上にこころよく身をのばしているかのようだった。(4)

という詩句があり、これが「桜の樹の下には」という作品の源泉であったと指摘する研究者もいる。(5) 確かにここには、「死者」とそれによって養われる「花々」という「桜の樹の下には」の主要なモチーフがある。また引用箇所の直前に言われる「その墓地へ降りて」いくという表現は、「桜の樹の下には」の「渓へ下りて」いき、そこにかげろうの墓地を見出すというくだりに呼応するだろう。しかし、「桜の樹の下には」においては、「一体どんな樹の花でも、所謂《いわゆる》真っ盛りという状態に達すると、あたりの空気のなかへ一種神秘な雰囲気を撒き散らすものだ」と言われ、「樹の花」というイメージが強調されるのに対し、ボードレールが述べるのは――「花々の絨毯」としての――草の花である。桜樹では、一方で黒々とした太い幹から地下にたくましい根が伸びるのに対し、他方、その幹の上には「空をめがけて舞い上がってゆく」ような無数の白い花が咲く。土により近く咲く草花には、樹の花におけるようなダイナミズムは見出せない。確かに、ボードレールと梶井にはさらに「憂鬱」というキーワードが共通しており、両者が無関係であるはずはない。しかし、やはり花をめぐる両者のイメージにはかなりの乖離があると言わねばならない。

中西進は、『遠景の歌』（一九八一年）に収められた「桜の樹の下」というエッセーで、桜樹と屍体というイメージにムンクの一連のリトグラフとエッチングの影響を見ている。中西は、梶井が学生時代にポール・セザンヌをもじった「瀬山極」をペンネームとしていたと指摘し、そこから考えれば、梶井の「教養図」には、ムンクも入っていたであろうと推測する。[6] そして、東京の展覧会でムンクの絵に接した中西は「梶井の発想の根源がここにあったのかと驚いた」[7] というのである。「「樹」シリーズ」のうちのあるリトグラフについて、中西は次のように述べる。

　一樹が根を高く上げて立ち、その下に、髑髏をいただいた屍体があって、それを踏まえるように腹の大きな妊婦が、髪を長く背中に垂らして立っている。いうなれば奇妙な樹下美人図だが、彼方にはまことに大らかに、児童画さながらの太陽が輝いている。[8]

確かにここではエロスとタナトスの循環が表現されているようだ。しかし、この短いエッセーではそもそも梶井がムンクの絵を知っていたのかどうかについての検証はなされていない。そして、なによりムンクの絵には満開の桜花の美は見出せない。もちろん、中西もこのことには言及している。中西の考察によれば、梶井の小品の直接的な発想の源泉はムンクであるのだが、他方、散り落ちる桜花に「美が死と隣り合っている」のを見出す日本の「古典の美学」を「潜在させる」ことによって、梶井はこの作品を成立させたというのである。[9] ところが中西は、『遠景の歌』から十数年たった一九九五年に刊行された『花のかたち――日本人と桜――』で、自らムンク説を撤回している。中西は「梶井のこの発想をムンクに求めることもできるかと、かつて思ったことがあったが、やはり谷崎をもって源泉と考えるべきであろう」[10] と述べる。ここで言われる「谷崎」とは谷崎潤一郎の「刺青」（一九一〇年）のことだ。ムンクを打ち消す理由は説明されていないが、一つには梶井がムンクの樹のリトグラフを見ていたかどうかは不確実であるのに対し、谷崎の「刺青」を読んでいたのはほぼ確実だということがあるのだろう。「刺青」では、刺青師の清吉が女に見せる二枚の絵が重要な役割を果たしている。それの一枚は「肥料」と題された絵だ。

画面の中央に、若い女が桜の幹へ身を倚《よ》せて、足下に累々と斃れて居る多くの男たちの屍骸《むくろ》を見つめて居る。女の身辺を舞いつつ凱歌《かちどき》をうたう小鳥の群、女の瞳に溢れたる抑え難き誇りと歓びの色。それは戦《たたかい》の跡の景色か、花園の春の景色か。

清吉は、あらん限りの熱情を込めて、その美しい女の背中に女郎蜘蛛の刺青を彫る。そして、完成した刺青は女の背中で「燦爛と」輝く。その背中の彫り物を清吉に見せつける女は、精魂を吸い取られ、抜け殻となった清吉に向かって、「お前さんは真先に私の肥料《こやし》になったんだねえ」とうそぶく。「肥料」と題された絵では、中西の言うように、「桜が死体を横たえて」おり、これが作品の重要なモチーフとなっている。それは作品の末尾で、背中を見せる女とその「肥料《こやし》になった」清吉の構図として反復されるのである。ここには、一方に桜の美とエロスが、他方には死骸がある。さらに「刺青」は日本の伝統に連なる作品でもあるのだから、そうした点でボードレールやムンクよりも、はるかに梶井のイメージの源泉というにふさわしい。しかし、梶井において、「馬のような屍体、犬猫のような屍体、そして人間のような屍体」が地中に埋まっているのに対し、「刺青」での屍体は地上に「累々と斃れて」いるのであり、それらはまた「男たちの屍骸」に限られている。そして、谷崎においても確かにエロスとタナトスの隣接が表現されているのだが、ここで強調されているのは、生と死の循環というより、むしろ、生殖／妊娠から疎外されたエロスであり、男の犠牲の上に成り立つ女の美である。「桜の樹の下には」と「刺青」の桜のイメージがぴったりと重なるわけではない。梶井が「刺青」を読んでいたのはまず間違いないだろうし、「刺青」の記述が「桜の樹の下には」を執筆する梶井になんらかの影響を及ぼしたというのもおおいにありうることだ。しかし、それを「源泉」と言えるほどはっきりと意識していたと断言することもできないだろう。おそらくは多くの作家においてそうであるように、梶井の場合も、さまざまな体験の無意識的な記憶から浮かんでくる空想を源泉として作品創作がなされるのだろうと想定するほかない。「桜の樹の下には」については、谷崎やボードレール、あるいはもしかするとムンクも含めて、おそらく無数の源泉があったと考えてしかるべきだろう。そして、そうした空想の一つの無意識的な源泉として――それは、梶井個人の無意識的な記憶というより、ある種の集団的無意識に属する記憶のなかに見出される源泉というべきものであろうが――次に、いささか唐突ながら、『古事記』に現れる樹の花の女神コノハナノサクヤビメ（木花之佐久夜毘売）について考えてみたい。

日本文化において花の物語の源泉となるのは、コノハナノサクヤビメの神話である。天降ったホノニニギノミコト（番能迩迩芸能命）は南九州の笠沙の御崎で「麗《うるはし》き美人《をとめ》」に出会う。ニニギノミコトが「誰《た》が女《むすめ》ぞ」と問うと、女は「大山津見神《おおやまつみのかみ》の女《むすめ》、名は神阿多都比売《かむあたつひめ》、亦の名は木花之佐久夜毘売《このはなのさくやびめ》と謂ふ」と応え、さらに問われて、「石長比売《いはながひめ》」という姉がいることを明かす。[11] ニニギノミコトがその場でサクヤビメに求婚すると、サクヤビメはまず父オホヤマツミノカミに相談せねばならぬと言う。その話を聞いた父は「大《いた》く歓喜《よろこ》び」、姉のイハナガヒメを「副《そ》へ」て、サクヤビメをニニギノミコトに嫁がせることにする。ところが、受け入れられたのは美しい妹のみで、姉はそのあまりに醜い容貌ゆえに送り返されてしまう。オホヤマツミノカミはおおいに恥じ入り、ニニギノミコトに次のような言葉を伝える。

「私が娘二人を並べて奉ったわけは、イハナガヒメをお使いになれば、天つ神の御子の命《いのち》は、たとえ雪降り、風吹くとも、いつまでも岩のごとくに、常永久に、変わりなくいますはず、また、コノハナノサクヤビメをお使いになれば、木の花の咲き栄えるがごとくに栄えいますはずと、祈りを込めて娘たちを差し上げました。それを、かくのごとくにイハナガヒメを送り返して、一人コノハナノサクヤビメだけをお留めなされたからには、天つ神の御子の命は、山に咲く木の花のままに散り落ちましょうぞ。[12]」

そして、このオホヤマツミノカミの言葉通り、「是を以ちて今に至るまで、天皇命等《すめらみことたち》の御命《おんいのち》長くまさざる」ことになったと言われている。一方、サクヤビメとニニギノミコトのあいだには、ただ「一宿《ひとよ》」の「婚《まぐはひ》」によってホデリノミコト（火照命）、ホスセリノミコト（火須勢理命）、ホヲリノミコト（火遠理命）の三柱の神が生まれる。

コノハナノサクヤビメという名前には魅惑的な響きがあり、それ自体、西郷信綱の言うように、「美女を彷彿させる[13]」名でもある。オホヤマツミノカミの娘であるサクヤビメの表すのが、山に咲く木の花であることは確かだ。西郷が「それが何の花であるかをとくに詮索する必要はない[14]」と書くのに対し、中西進は「これは、花を比喩として有限の人間の命を語った神話」であり、「この花は桜がもっともふさわしい。もっとも美しくもっとも散りやすいのが、桜だからである[15]」と述べる。そもそも本居宣長の『古事記伝』以来、「サクラ」の語源をコノハナノサクヤビメの「サクヤ」に求める説もあるわけだが、これはどうもこじつけの域を出ないようだ。しかし、こうした説が出てくるのも、コノハナノサクヤビメに桜の精を見るのが、少なくともある時期からごく自然なことになっていたという背景があるからだろう。たとえば、桜のモチーフをめぐって展開する、世阿弥作の謡曲「桜川」でも、冒頭近くでコノハナノサクヤビメの名が現れる。九州の日向に住む女は、一人子の桜子を人商人《ひとあきんど》にさらわれて、そのあとを追う。コノハナノサクヤビメの氏子であるその女は、故郷を去るにあたって、その宮に参り、子との再会を願う。そして、常陸国まで迷い来た女は桜が散り落ちる桜川のほとりで桜子と再会する。

それは桜の精としてのサクヤビメの導きであったはずだ。コノハナノサクヤビメには、やはり桜の装いがもっともふさわしい。しかし、生態学的な見地からすると、桜は伐採された森林の開墾地に育つのであって、古代の九州に桜はなかったという説もあり、『古事記』に現れるコノハナノサクヤビメがただちに桜の精であると断定はしがたいようだ。サクヤビメは、もともとは桜に限定されない、しかし桜も含めた「樹の花」の女神なのであろう。しかし、ときとともに桜がそのイメージの中心を占めるようになり、コノハナノサクヤビメは桜の精として受容されるようになる。

この物語における「花を比喩として有限の人間の命を語った神話」という側面に関して、松村武雄はその起源を南方の神話に見出している。(16) インドネシアのセレベス(スラウェシ)島に伝わる神話によると、はじめ人間は、神が縄に結んで天空から降ろしてくれるバナナの実を糧にして、死ぬことがなかった。ところが、あるときバナナのかわりに石が降りてきたので、こんなものは食べられないと受け取ることを拒んだ。神は石の代わりにまたバナナを降ろしてやったのだが、しかし、そのあとで、「石を受け取っておけば、人間の寿命は、石のように堅く長く続くはずであったのに、これを退けてバナナの実を望んだため、人の命は、今後バナナの実のように短くて朽ち果てるぞ(17)」と告げた。それ以来、人間の命は短くなり、死が生じるようになったというのである。ここにはコノハナノサクヤビメの神話と同じく、植物と石という対比があり、石を退けることによって、人間に短命が運命づけられるというモチーフがある。ただし、サクヤビメは婚姻譚であり、食物をめぐるバナナの神話とはなお大きな隔たりがある。松村自身、これをもってサクヤビメの神話の源泉をバナナ神話と断定するわけにはいかないことは認めている。しかし、松村は、さらにこのバナナ神話のバリエーションと考えられるセレベス島の別の伝承を紹介する。それによると、神がある部族の遠祖とされる男のもとに、妻とすべく石乙女を降ろすと、男はその心のかたくなさを嫌い、石乙女との結婚を拒む。そこで、神があらためてバナナ乙女を降ろすと、男はその柔和さを愛でてこれと結婚し、子孫が繁栄する。しかし、それ以来人間の寿命は石のように堅固久遠のものとならず、バナナのように脆く朽ちやすくなったという。[18] この話になると、サクヤビメ神話の源泉であるという推論を打ち消すような重大な差異はもはや見出せない。とりわけサクヤビメ神話の舞台となるのが南九州であることを考えれば、南方系のバナナ神話をその源泉とする説を退けることはまずできないだろう。そうであるなら、コノハナノサクヤビメという美神は食という要素をその内に宿していることになる。

ニニギノミコトがサクヤビメとの結婚によって得たのは、短命性ばかりではない。オホヤマツミノカミの言葉にすでにあるように、サクヤビメは「木の花の咲き栄えるがごとくに栄えいますはず」という子孫の繁栄を約束する神でもある。この点でも、サクヤビメにはバナナ乙女とのつながりが見出される。実際、サクヤビメはニニギノミコトに三人の子をもたらす。サクヤビメの生殖力は「一宿《ひとよ》」の「婚《まぐはひ》」で一度に三人の子を宿すことによって、ことさらに強調されるのである。それに対して、イハナガヒメは岩石の女神であり、この女神によって、ニニギノミコトは「たとえ雪降り、風吹くとも、いつまでも岩のごとくに、常永久に、変わりなくいますはず」であったにしても、この岩石の女神がニニギに子孫をもたらすことはなかっただろう。イハナガヒメは石乙女であり、そのイメージは文字どおり石女《うまずめ》である。永続する個体に生殖の必然性はない。死へと回帰する有限の個体が、自らに相似する別の個体を産出し、そのことによって種を永続させようとするのが生命一般の原則でもある。地上に降り立ち、「婚《まぐはひ》」の相手を得たニニギノミコトには、それと同時に死の宿命が与えられる。

バナナ乙女とサクヤビメの物語のあいだに差異があるとすれば、それは、女の側ではなく、男の側にある。セレベスの神話でも、『古事記』においても結婚の相手となる男は、ある種族の始祖である。しかし、食という要素に関して言えば、セレベスの男がただ与えられるだけの存在であるのに対し、ニニギノミコトは本来、食物の神でもある。ホノニニギノミコトの「ホ」は稲穂のことであり、その名は、稲穂がニギニギしく栄えるという豊饒を表す。つまり、サクヤビメの神話は、穀霊と山に咲く樹の花の婚姻の物語でもある。サクヤビメがバナナ乙女という起源をもつとすれば、ニニギノミコトとサクヤビメはもともと食という要素を共有していることになる。

里に生きる人々は、冬が終わり、山に樹々の花が咲き始めるのを見て、春の訪れを実感したのであろう。それはまた、里の人々にとっては種蒔きの時を告げる徴でもあっただろう。「木の花の咲き栄えるがごとくに栄えいます」というオホヤマツミの言葉は一方で子孫の繁栄を告知するものであるとともに、穀霊としてのニニギという観点からすると、それはまた豊かな収穫を約束する言葉でもある。実際、木々に覆われた里山は——昨今その価値が再認識されるにいたったように——巨大な貯水池であり、雨水の濾過装置として農耕民に清らかな水を提供する。米作に生きる人々は、山の森と農耕の密接なかかわりを実感していたにちがいない。また、そうであるからこそ、春の山を飾る満開の花は、秋の豊饒を予告するものであったのだろう。

サクヤビメは産屋に火を放つという異常な状況の中で三人の子を出産する。ニニギがただ一夜の契りで子ができるはずはないとサクヤビメを疑い、「これ我が子には非《あら》じ」と言ったのに対し、サクヤビメは、「神判を仰ぐ」(19)という意味で火中で出産し、身の証しを立てたのである。サクヤビメは「戸なき八尋殿《やひろどの》を作りて、その殿の内に入り、土以《つちも》ちて塗り塞ぎて、産む時にあたりて、火をその殿につけて」(『古事記』)子を産む。土で塗り塞いだ戸のない産屋は明らかに母胎を表すものだ。そして、母胎であるならば、その内は本来、水で満たされていなければならない。しかし、そこでは火が燃えさかっている。母胎で燃える火は、その反対物で、そこにあってしかるべき水という要素の不在を際だたせる。火中での出産は、コノハナノサクヤビメと水との結びつきをかえって強固なものにするだろう。あるいは、サクヤビメが水の精という性格をあわせもつからこそ、炎にうち勝って出産を果たすのだとも言えるかもしれない。そして、そのようにして生まれた子のうち、ホデリノミコトとホヲリノミコトはそれぞれ海幸彦、山幸彦としてともに海と水に深くかかわるようになる——海幸彦は文字どおり海に生きる男となり、海底の宮殿を訪れる山幸彦は海神から水を操る術を授けられるのである。このことも、二人の母が水の精としての性格を備えることとの証しととらえることができる。実際、富士山本宮浅間大社は、コノハナノサクヤビメを、噴火を繰り返す富士を鎮めるための水神として祀るのである。山の森、水、樹の花、稲作は一連なりの連想を形成する。

他方、穀霊としてのニニギノミコトの背景には穀物の起源の神話がある。それについて『古事記』は、スサノヲについて語るなかでこう伝えている。

高天の原からも逐《お》らわれたスサノヲは、さまよう道中《みちなか》で、食べ物をオホゲツヒメに乞うたのじゃ。すると、オホゲツヒメは、鼻や口、また尻からも、くさぐさのおいしい食べ物を取りだしての、いろいろに作り調《ととの》えてもてなしたのじゃが、その時に、そのしわざを覗いて見ておったハヤスサノヲは、わざと穢して作っておるのだと思うての、すぐさま、オホゲツヒメを斬り殺してしもうたのじゃ。［中略］

すると、殺されたオホゲツヒメの身につぎつぎにものが生まれてきての、頭には蚕が生まれ、二つの目には稲の種が生まれ、二つの耳には粟が生まれ、鼻には小豆が生まれ、陰《ほと》には麦が生まれ、尻には大豆《まめ》が生まれたのじゃった。(20)

蚕を除く、稲、粟、小豆、大豆、麦の五穀がオホゲツヒメの身体の穴から生じたとされているのは、「女性原理にもとづく」(西郷信綱)(21)のであろうが、それはまた身体の内部へと通じる穴であり、内臓や粘液、さらにはその内にたまった排泄物という不浄を連想させる。実際、摂取された穀物は内臓で粘液と混じって排泄物となり、そして、それは田畑に蒔かれてふたたび穀物を生む。あるいは殺されたオホゲツヒメの身体からさまざまな穀物が生まれ出たように、埋められた屍体は腐敗して、肥沃な土を生み出す。農耕はそうした汚れを介した死と再生のサイクルのなかで成り立つ。ニニギノミコトが天界からもたらした稲作がいかに神聖な営みであり、また、黄金の稲穂がアマテラスの光のなかでいかに美しく輝こうとも、農耕の営みの成果である以上、その神聖な美が汚穢のイメージから切り離されることはない。

コノハナノサクヤビメがもともと桜の精であったのかどうかはともかく、結果的にサクヤビメと桜のイメージが緊密に結びつけられていく。そしてまた、コノハナノサクヤビメとの結びつきの有無とはかかわりなく、桜という言葉自体、語源的には穀霊とのかかわりを表すものであるようだ。桜井満は「サクラのサは穀霊を表す古語で、五月（サツキ）・五月雨（サミダレ）・早苗（サナエ）・五月女（サオトメ）・さ開き・さ降りなどのサと同義であり、クラは神座の意である。要するにサクラとは、春の初めに咲く穀霊の依代（ヨリシロ）としての名を負っている[22]」と述べている。ニニギノミコトとサクヤビメの婚姻は、穀霊とその依代の結婚として表象されるのである。

春の満開の桜は、秋の豊かな収穫を予祝する。もちろん桜花それ自体が食物ではないのだから、それが表すのは、秋の豊饒を願う人々の夢だ。人々は満開の桜花に金色に輝く稲穂の海を重ね合わせる。しかし、黄金の稲穂の美は、不浄な堆肥を扱う作業によって成り立つものであるとともに、収穫された作物は人々に摂取され、またふたたび汚穢を生み出すものでもある。秋の稲穂の豊饒がそうした不浄をその内に宿しているのだから、それを予祝する満開の桜樹の下にも、また不浄な腐敗物や、腐爛した屍体が埋まっていると表象されるのはごく自然なことだ。また、コノハナノサクヤビメは農耕には欠かせぬ水を司る者でもあり、海に生きる海幸彦を、また海の水を操る者となった山幸彦を生んだのである。水神としての桜樹の根元の地中に、「蛸」や「いそぎんちゃく」がうごめく海の世界が隠されていても不思議はないだろう。西郷信綱の言うように、「沼や池や淵が海底の国に通じているという民間説話は、無数といっていいくらいに多い」のであり、「沼や淵の水も深海の水に通じると信じられていた[23]」のである。海は水の源でもある。そして、その意味においても、桜花のもとで豊饒を願う人々が、米と水の婚姻から生み出される酒を酌み交わすのは当然のことだ。花見に酒は欠かせない[24]。酒は「桜の樹の下で酒宴をひらいている村人たち」に豊饒の夢をもたらす。さらに、コノハナノサクヤビメは食物にかかわるものとして、個体の生命を維持するとともに、同時にまた生殖をも司る。そして、そうであるがゆえに、またこの女神は個体に死を与える者でもあった。サクヤビメはある期間に限定された個体の生存とともに、生殖による種の保存を司る。(25) 種の永続性の前提となるのは、個体の生命の限定性である。(26) その意味で、桜樹はエロスとタナトスの表裏一体を表象する。これらの観点において、コノハナノサクヤビメの神話と、「桜の樹の下には」の桜樹のイメージとはぴったりと重なり合う。

梶井基次郎がコノハナノサクヤビメの神話を意識的な下敷きにして「桜の樹の下には」を執筆したとはまず考えられない。肺病を病み、すでに近づきつつある自らの死を予感していた梶井は、桜を単に死の象徴として捉えたのではなく、むしろ彼の希求する生の絶頂感と死のコントラストを、また生殖と死の循環性を満開の桜に見出したのだろう。そしてそのことによって、小川和佑の述べるように、梶井は「散るさくらに生命の際を見るという、江戸時代以来のさくら観を［中略］突き抜け」たのであり、「その桜観はひとたびは俗に堕ちたさくらをもう一度、聖なる花に回復させた」(27) のであった。そして、そのようにして回復された花の聖性にコノハナノサクヤビメを重ねることは、それほど的はずれなことではないだろう。とりわけ、末尾の「今こそ俺は、あの桜の樹の下で酒宴をひらいている村人たちと同じ権利で、花見の酒が呑めそうな気がする」という文は、原初的な桜の世界への回帰を印象づける。

ただし、語り手である「俺」がそうした原初の桜の姿を見出したのだとしても、しかし、「俺」自身がそうした原初的な世界に回帰し、村人と同じように「花見の酒」が呑めるのかどうかは疑わしい。むしろ、「呑めそうな気がする」という自信なげな言葉つきから感じられるのは、そうした世界からの疎外感である。その疎外感は、初出のみにあって、のちに削除された末尾の数行の文によってさらに強く印象づけられることになる。

「――それにしても、俺が毎晩家へ帰ってゆくとき、暗のなかへ思い浮かんで来る、剃刀の刃が、空を飛ぶ蝮

のように、俺の頸動脈に嚙みついてくるのは何時だろう。これは洒落ではないのだが、その刃には

Ever Readly（さあ、何時なりと）

と書いてあるのさ。[28]」

現行の版で、「剃刀」という語は一度だけ冒頭近くで現れている。

どうして俺が毎晩家へ帰って来る道で、俺の部屋の数ある道具のうちの、選《よ》りに選ってちっぽけな薄っぺらいもの、安全剃刀の刃なんぞが、千里眼のように思い浮かんで来るのか――おまえはそれがわからないと言ったが――そして俺にもやはりそれがわからないのだが――それもこれもやっぱり同じようなことにちがいない。

そして、この段落の後に「一体どんな樹の花でも、所謂《いわゆる》真っ盛りという状態に達すると、あたりの空気のなかへ一種神秘な雰囲気を撒き散らすものだ」という文が続く。こうした前後関係において、「ちっぽけな薄っぺらいもの」としての「安全剃刀」――削除された文も考慮に入れるなら「空を飛ぶ」ものとしての「安全剃刀」――から思い浮かべられるのは、やはり「薄羽かげろう」の翅であり、また、桜の花弁であろう。石油のような光彩を放つ虫の翅や散り落ちる桜の花弁はもちろん死を表象するのであり、そして、それと重なり合う「安全剃刀」もまた死をもたらすものである。しかし、それがもたらすのは、切り裂く死、切断の死でもあろう。それは、生殖と死の循環の切断、再生から疎外された死を印象づける。「惨劇が必要なんだ」という「俺」は、桜の樹の下にそれを幻視するときに、「心は和んでくる」のだという。それは「憂鬱の完成」の時でもある。それは、幻視しかできず、生殖と死の循環にはもはや参入できない者の憂鬱でもあろう。「おまえ」に向かって「俺」はこう語りかける。

おまえは腋《わき》の下を拭《ふ》いているね。冷汗が出るのか。それは俺も同じことだ。何もそれを不愉快がることはない。べたべたとまるで精液のようだと思ってごらん。それで俺達の憂鬱は完成するのだ。

切断されたウラノスの男根からは精液が湧き出し、そこから愛と美と豊饒の女神が生まれる。しかし、「腋の下」の「冷汗」のような「精液」は、豊饒な生殖というイメージからはほど遠い。そこで完成する「俺達の憂鬱」はもはや生殖から疎外された性の関係しか取り結べない近代人の憂鬱でもあろう。そこにあるのは刹那の快感の共有でしかない。「俺達」という強引な一体化にもかかわらず、「俺」はおそらく孤独なままだ。これは聖なる桜からの疎外の物語でもある。

(1) 「桜の樹の下には」の引用は淀野隆三、中谷孝雄編集『梶井基次郎全集第一巻』(筑摩書房、一九六六年)から。ただし、正字を新字にし、旧仮名遣いを新仮名遣いにするなどの変更を加えた。
(2) これはもちろん現実のウスバカゲロウの生態に対応する記述ではない。ウスバカゲロウの羽化の時期は春ではなく、夏であり、その幼虫はアリジゴクであって、成虫は水の中から羽化するわけではない。これについては、すり鉢状の巣に捕らえた獲物の体液だけを吸って生きるかげろうの幼虫の生態には、この作品の桜の根の記述を連想させるものがあるという興味深い指摘がある(天津雄一郎、卒業論文「梶井基次郎『桜の樹の下には』論」)。本稿の執筆については、筆者が指導にあたったこの卒論から示唆を受けるところがあった(液体の浄化、安全剃刀のイメージについてなど)。謝して記す。ただし全体の構想はまったく異なるものである。
(3) 『スーパー・ニッポニカ2002』(小学館、二〇〇二年)の「石油」の項。
(4) 阿部良雄訳『ボードレール全集Ⅳ』(筑摩書房、一九八七年)九七頁。
(5) 桐山金吾「梶井基次郎論——『桜の樹の下には』の成立とボードレール的世界——」(『國學院雑誌』昭和六一年一二月号)一〇六頁以下。

(6) 中西進『遠景の歌』(小沢書店、一九八六年)一〇九～一一〇頁。
(7) 同右、一〇九頁。
(8) 同右、一〇八頁。
(9) 同右、一一〇頁以下。
(10) 中西進『花のかたち――日本人と桜――(近代)』(角川書店、一九九五年)二一頁。
(11) 『古事記』本文の引用は、次田真幸『古事記 上』(講談社、一九七七年)から。
(12) 三浦佑之『口語訳 古事記』(岩波書店、二〇〇二年)一〇五頁。
(13) 西郷信綱『古事記注釈 第二巻』(平凡社、一九七六年)二九六頁。
(14) 同右。
(15) 中西進『花のかたち――日本人と桜――(古代)』(角川書店、一九九五年)一八頁。
(16) 松村武雄『日本神話の研究 第三巻』(培風館、一九五五年)六〇八頁以下。
(17) 同右、六〇九頁から引用。ただし、正字を新字にし、旧仮名遣いを新仮名遣いにするなどの変更を加えた。
(18) 同右、六二〇～六二一頁。
(19) 西郷信綱『古事記注釈 第二巻』三〇七頁。
(20) 三浦佑之『口語訳 古事記』四八頁。
(21) 西郷信綱『古事記注釈 第一巻』三六〇頁。
(22) 桜井満『花の民俗学』(雄山閣、一九七四年)一四四頁。
(23) 西郷信綱『古事記注釈 第二巻』三三八頁。
(24) 『日本書紀』には、コノハナノサクヤビメが三人の子を産んだあと、それを祝って「狭名田《さなだ》」と呼ばれる田の稲で「天甜酒《あめのたむさけ》」という酒を造ったという記述がある。
(25) 『古事記』では「是を以ちて今に至るまで、天皇命等《すめらみことたち》の御命《おんいのち》長くまさざる」とされ、天皇の命の短さについての起源譚となっているわけだが、『日本書紀』では「一に伝はく」として「此世人《これひと》の命《いのちもろ》折き縁《ことのもと》なりといふ」という記述があり、天皇家に限らない、人間一般の短命性の起源とされている。
(26) これに関しては、フロイト(Sigmund Freud)の『快感原則の彼岸』を参照。
(27) 小川和佑『桜の文学史』(文藝春秋、二〇〇四年)二二六頁。
(28) 『梶井基次郎全集第一巻』四九四～四九五頁。

沖縄人《ウチナンチュ》の心——テダが花

高阪　薫

1　はじめに

「この道はいつか来た道　ああさうだよ　あかしやの花が咲いてる……」は、北原白秋作詞、山田耕筰作曲の日本の名曲である。「あかしやの花」が記憶を呼び覚まして、過ぎし日歩いた懐かしい道の思いに耽る。「花」から何かを想起することは、人生にはたびたびあることだ。美しく咲き誇る花の姿、色合い、匂いへの感動が、私たちの心にその時々の言動とともに残されている。だから私たちは記憶をまさぐる中で、その時の情況にそっとたたずみ、物言わず咲いていた静かな「花」を想い出す。また「花」の風景はそれが初めて見るような光景であるのに、その咲いている「花」によってかつて経験したようなデジャヴュ効果がある。つまり記憶に残る「花」として語り継がれる「花」がある。それは日本では「桜」であろう。「桜」にまつわる神話・伝承・芸能（古典・散華の思想・音楽・文学作品等）の話はごまんとある。それらのいくつかは、その「桜」を象徴するものとして日本人の感性を形成してきた。

私たちの「感性の変容」研究会は、そんな「花」を日本の伝統的な発想にとどまらない視点から捉えようと試みてきた。私はここではその意図にそって日本でありながら、それとは異質な趣をもつ沖縄の「花」について、沖縄の人々＝ウチナンチュの視点から花に寄せる感性の変容を、歴史的・文化的に具体的に探ってみようと思う。

タイトル『沖縄人《ウチナンチュ》の心――テダが花』の意味は、テダとは「太陽」を指すが、「沖縄人の心には、太陽が花としてあり、それが心に染まっています」といった意味であり、沖縄人の生活や考え方のプロトタイプ＝基本型がそこにはある。それをまず押えておいて、沖縄では人が花や木を日常生活でどのように生かし取り入れ、どうしてテダ＝太陽を花と見做すのか、また沖縄人の心に関わるのか、そのことを考えてみたい。

2　沖縄の赤い花・白い花

ウチナンチュ（沖縄の人）の「花」の捉え方や呼び名は、ヤマトンチュ（本土の人）のそれとはかなり異なっている。沖縄の代表的な花について、ここにいくつかの例を挙げて、ウチナンチュにとっての意味や役割を紹介しよう。

一般的には、沖縄でも花の機能や役割は、観賞用ばかりでなく食用、薬用、染料、化粧等の日常役立つものから、供花や魔除や霊力を有するもの等、グショウ（後世・来世）とのつながりに用いられている。機能的には大きく二つに分けられる沖縄の代表的な「花」を例にあげて話を進めていくが、二つの機能を錯綜して有している花、或いはアンビヴァレンツな要素を持つ花が、多いことに気がつくのである。

まず、沖縄で一番目立って咲いているハイビスカスは仏桑華・赤花といい、沖縄を鮮やかに代表している花となっている。ハワイに行くとハワイアンから歓迎されて、あのレイや花簪などに用いられるイメージが日本人にあって、観光用の歓迎の花としてよいように解釈されている。しかし、沖縄では独自に赤花と呼び、先祖を祀る独特の形をした亀甲墓・家墓の周囲に垣根として植えられたり、飾られたりして、供花のイメージが従来からあった。このハイビスカスは所変われば意味変わるで、マレーシアでも歓迎の花としてまかり通っているが、片や歓迎、片や弔いと、地域や国で異なっている。

そこで、想い起こすのは、太平洋戦争時の戦没画学生の絵手紙の話である。神戸出身の前田美千雄（大正三年六月二十四日生）は、昭和七年東京美術学校日本画科を卒業、昭和十三年〜十七年陸軍応召。昭和十八年一月、絹子と結婚。一年後再召集、フィリピン・ルソン島マニラ上陸。前田は新婚一年目の新妻・絹子にまず絵手紙を送る。そこには一輪の紅い花が描かれてあった。文面には「戦地からエハガキこれが先ず第一便、予想した通り画題があり過ぎて何を描いてよいやら迷ってしまう。迷った挙句がこの花。花の名は知らず。……強烈な太陽の下に咲く花は、さすが強烈な色をしている。僕も又強烈な意志を持って生活を貫こうとしている。決して心配せぬように」とあった。この「花の名は知らず」の「花」こそハイビスカスであった。前田はこの名も知らぬ「花」が、「強烈な太陽」の光の下に「強烈な色」を持って咲いている様に「強烈な意志」を感じ取り、前田もそのように生きようと決意している。

仏桑華《ぶっそうげ》／赤花（ハイビスカス）

この絵手紙を初めとして、一年の間に約七〇〇通を新妻の絹子に送り続けたが、翌年終戦の十日前、昭和二十年八月五日、帰らぬ人となる。新婚生活一年余り、絹子はその絵手紙を遺書代わりとしていまも持ち続けている。「……手紙は画家だった夫の生きた証しです。心にひかれた風景を絵筆によって写し取り、私に伝えようとしたんだと思います。その美千雄の情熱を今生きる人たちに知ってもらいたいと思っています」と語る。前田は南国に咲く深紅の「名も知らぬ花」に絵心を刺激され、情熱を感じたが、それでもって生き延びることは出来なかった。「この名も知らぬ花」ハイビスカスこそ、沖縄では約二〇万人余の死をまねいた地上激戦地で、身近な手向け花として、多くの悲しみを綴った人々の記憶に残され、紅き血の象徴とされてきたいきさつもある。この深紅の花は時代により、地域により、その花がもたらすイメージは悲喜こもごもであり、必ずしも、良いイメージを与えているわけではないのである。

戦後六〇年、いまあの十五年戦争を語り継いでおかねば、というムードが広がっているが、たまたまハイビスカス一つをとっても戦争を孕んだ「花」として記憶に残り、幼児期に同じような悲惨な戦争を体験した者にとっては、愚かな戦争をしないように、と痛切に思うのである。

このようなハイビスカスにまつわる戦争のエピソードは、沖縄に咲く紅い花々にもある。沖縄の県花であるデイゴは、五月の南国の空に映える赤い花である。これも実に真っ赤な色で沖縄の青い空に映えて見事にマッチする。沖縄全土に咲くデイゴも赤花も、時に沖縄戦での悲しみを想い起こす花としても象徴的なのである。あの壮絶な地上戦闘下に咲いたこの深紅の花にまつわる数々のエピソードこそ、やりきれぬ思いをさせる役を未だに担っているのである。ブーゲンビリアもそうで、トックリキワタと合わせて沖縄を代表する三つの紅い花が、沖縄戦で亡くなった人々の想い出の鎮魂の花々といっても過言ではない。それにしても、これら沖縄を代表する花々は、共通してみな赤い。沖縄の青い空、濃い緑によく映えて美しい。亜熱帯の灼熱の太陽に負けずに赤く紅く輝いている。いやその太陽のテダの赤く燃える灼熱の色に呼応して、その真紅の色を沖縄の花々が写し出しているのであろう。

一方白い花の代表はイジュやウージである。イジュはかつて樹皮が魚毒として漁に使用されたというが、三月の「うりずん」と呼ばれる新緑の季節に山々を白く鮮やかに彩る。イジュにしてもデイゴにしても、沖縄を代表する花は大木に咲くものが多く、その幹は建材や漆器の木地として利用されてきた。

　昨今の沖縄の田園で、アダンの木や、芭蕉とともに、壮大な景観を作っているのがウージ（さとうきび）である。まるでススキの穂のようにその白い花を風になびかせて高々と咲き誇っている。このさとうきびは一六〇九年、奄美を奪取した薩摩藩により導入され生産されたのが始まりである。その後奄美・琉球は、砂糖島（シュガーアイランド）として、黒砂糖は十七〜十九世紀にかけて薩摩・江戸幕府に貢納され、幕藩体制に組み込まれる。琉球王朝もさとうきびの生産に力を入れて、重要な農産物として食用に薬用に利用した。その頃からの経験で、黒砂糖は甘味以外にビタミンやミネラルを含み、疲労回復や健康維持に役立つことを知っていた。古老の話では、さとうきびの硬い皮を歯でしがむと甘い汁が喉を潤すが、その硬さが子供たちの歯や顎を丈夫に発達させたという。また畑仕事には、お茶と黒砂糖を持って行くか、サーターユー（黒砂糖を溶かしたお湯）を持って行ったという。

イジュ

　甘味料として貴重な健康食料品の重要性を担いながら、それが一方植民地収奪の悲劇の歴史と深いつながりを持っている。そのさとうきび畑が太平洋戦争では逃げ惑う沖縄人の悲劇の舞台を設定する。

　あの有名な『島唄』に見られる「ウージの森」であるが、作詞作曲の宮沢和史によれば、「ひめゆり学徒隊」の生き残りのおばあさんに出会い、約二〇数万人が凄まじい沖縄地上戦の犠牲となった話を聞き、「極限状況の話を聞くうちにぼくは、そんな事実も知らずに生きてきた無知な自分に怒りさえ覚えた」衝撃が歌のもとになる。「ウージの森であなたと出会い、ウージの下で千代にさよなら……」の歌詞は沖縄戦でガマ（避難の洞窟）の中で自決する二人の別れを歌った（「宮沢和史の旅する音楽」朝日新聞・二〇〇五年八月二十二日朝刊）という。想像するに、肉親か恋人かのさとうきび畑での出会いは、やがて逃げ惑い最後はガマで自決して、さとうきび畑での永遠の別れとなった、ということなのであろう。

また森山良子が歌って一躍有名になった『さとうきび畑』（寺島尚彦作詞作曲）も、その地で父を亡くした悲しい戦争の悲劇を歌っている。

「ざわわ　ざわわ　ざわわ／広いさとうきび畑は／ざわわ　ざわわ　ざわわ／風が通りぬけるだけ／あの日鉄の雨にうたれ／父は死んでいった／夏の陽ざしのなかで」……。ウージ（さとうきび）一つとってみても、略奪の歴史を作り、戦争の舞台となり、累々たる骸をその畑の中に埋め、その可憐な白い穂花は悲しみの象徴としてあったのだ。日本に初めて砂糖が渡来したのは、七五四年孝謙天皇時代中国大陸からの輸入が盛んになったころと推測されている。江戸時代以前の日本の砂糖はすべて外国からの輸入にたよっていたが、一六〇九年薩摩支配による奄美への砂糖政策から日本での製造が始まった。このことは世界史的にみれば、植民地時代の始まりと同時代的状況を示している。その奄美において、長く歌い継がれている『朝花』という島唄がある。この島唄もさとうきびと浅からぬ縁のある歌である。

遠方からの客人を歓迎する歌でありながら、実は薩摩の役人に対する嫌味な心が裏に込められているのでは、とされる奄美の『朝花』は、今ではその真意が忘却の彼方におかれている。いわゆる『朝花』が何の花か、アサガオかツユクサかハイビスカスか、明確ではない。「……ハレーイ　唄ぬはじまりや　朝花はやり節……」と、朝一番に咲く花と言った字義通りの意味が与えられて、花の名は不明ではあるが、お祝いごとに欠かせぬ前祝歌として認知されているのである。小川学夫著『奄美の島唄』によれば、「あさばな」には三説あるという。まず「朝の端」つまり「朝の始まり」であり、「ものごとの最初」を意味する。続いて「浅い端」と考えれば「浅い始まりがある」と取れる。そこから「あさばなのように若く浅い女にほれて」という歌詞から、あさばなのようにというのは「付き合いの浅い女」という意味が生まれる。そこで『朝花』は哀調のこもった歓迎の歌なのだが、奄美を砂糖島として長く搾取してきた薩摩の役人に対して心の中では「浅い付き合い」を歌っているのだというとになる。奄美の複雑な歴史的悲哀をのぞかせているような島唄でもある。

二〇〇二年度の統計調査によると、日本での砂糖生産は、北海道でビート、鹿児島（奄美）・沖縄でさとうきびを栽培しているが、それから作られる砂糖は合わせて八一万トンである。消費が二四〇万トンであるため、必要な輸入量は一五九万トンとなる。輸入先はタイ、豪州、南アフリカ、フィジー諸島などである（『マンスリー』二〇〇二年三月号）。沖縄では、米の減反政策にともないさとうきび畑が増え、沖縄の田園風景は一変したが、ウージの森の光景はどこの島でも圧巻である。そしていまも、ざわわざわわの葉ずれと甘い香りを発散させて、ウチナンチュとヤマトンチュに悲喜こもごもの思い出を残してきたといえよう。

このように沖縄の花々は、日常生活にあって花を愛で、観賞するだけでなくて、沖縄の人と生活に関わり、薬用、食用、化粧等々、日常生活に入り込んで役立っているだけでなく、人の生死や葬祭や戦争の象徴として、歴史に深く関係している。その他沖縄では、花が人々の暮らしと強い結びつきを持っている例が沢山ある。ウッチン（ウコン）やゴーヤー（ニガウリ）、フーチバー（ヨモギ）など、最近本土でも健康食品として取り上げられるようになった植物の薬効は、沖縄では昔から利用されていた。ムーチー（餅）を包むサンニン（ゲットウ）の葉の香りには魔除けの効果があるとされている。

3　島唄に花をみる

沖縄・奄美では数千といわれる数多くの民謡が歌われている。過去から現代につながる古典的な名曲も沢山ある。また現在さらに作曲されて数々の進化した新しい民謡・ポップスが生まれている。それらの島唄の中でも多くの花が登場する。過去と現在の島唄の花はどのように歌われているのであろうか。

代表的な古典的名曲の『てぃんさぐの花』（鳳仙花）であるが、いろいろな島唄の唄い手によって歌われてきた。歌詞をみて分かるように、「てぃんさぐの花は、爪に染めて、親の言う言葉は、心に深く染めましょう」というふうに、教訓歌になっている。因みに関係する歌詞を引用しておこう。

『てぃんさぐの花』

①てぃんさぐぬ花や　爪先に染みてぃ　　てぃんさぐの花は　爪に染めて
　親のゆし事や　肝に染みり　　親の言う言葉は　心に深く染めましょう
②天ぬ群星や　読みば読まりしが　　天の群星は　数えようと思えば　数えることが出来るけど
　親のゆし事や　読みやならん　　親の言う言葉は　限りない

てぃんさぐの花を爪に染める風習は、日本でも韓国でも江戸時代・李朝時代からあった。文献にも作品にも描写されている。和名で鳳仙花は別名「爪紅」とか「つまぐれ草」といわれ、名前からも爪に染める風習がうかがわれる。沖縄では花の持つ「染める」という特徴・機能が、親の教えは心に染みるという人生の教訓歌として利用されている。

現在ポピュラー界で青少年に人気抜群のＯＲＡＮＧＥ ＲＡＮＧＥは沖縄出身である。それこそ基地の町沖縄市で活躍中、その人気は十代を中心に全国的に広がっている。彼等の代表曲、『花』（映画「いま会いにゆきます」主題歌）は、主旋律一つの単調な曲を、長々続くラップ調の言葉遊びにのせて、ドラムで四拍のリズムを強弱巧みにアクセントをつけ、ノリのいい曲に仕上げている。ラップの歌詞部分がなんとも意味不明に思えるが、四拍、二拍のリズムの中で、一瞬盛り上がる明るいメロディがその単調さを救っている。最近彼等の曲の一部に盗作の疑いがあり、『花』でもサビの部分でよく似たメロディがあるといわれている。一方歌詞は二人の愛の讃歌であるが、「花」に喩えられる「愛」は何故か若者にふさわしくない古い無常観が漂っている。この歌詞に込められた花のイメージは、沖縄で受け継がれてきた花のイメージとはやや異なっている。関係箇所を引用してみよう。

『花』　オレンジレンジ（ORANGE RANGE）

①花びらのように散りゆく中で
夢みたいに　君に出会えたキセキ
愛し合って　ケンカして
色んな壁　二人で乗り越えて
生まれ変っても　あなたのそばで　花になろう

（②、③略）

④花びらのように散りゆく中で
夢みたいに　君に出会えたキセキ
愛し合って　ケンカして
色んな壁　二人で乗り越えて
生まれ変っても　あなたに逢いたい

（⑤略）

⑥花はなんで枯れるのだろう

鳥はなんで飛べるのだろう
風はなんで吹くのだろう
月はなんで　明かり照らすの

（⑦⑧⑨略）

⑩………
君の喜び　君の痛み　君の全てよ
さぁ　咲き誇れ　もっと　もっと　もっと

歌詞には「花びらのように散りゆく中で」「花びらのように散ってゆくこと」のフレーズがめだつ。歌詞はその点で陳腐である。愛の讃歌をうたっているのだろうが、常夏の沖縄では桜の花びらのように散りゆくイメージを持つ花は少ない。明らかにヤマト的発想である。しかも花鳥風月を読み込んでいるなど、沖縄らしさはない。アレンジ・レンジとか独創性に問題ありとか言われているが、それらを乗り越えて人気を摑んでいるのは、沖縄のチャンプルー（混ぜもの）文化的な様相への共感もあるが、現代の若者に「頂けるものなら何でもいただこう」という軽いのりがあるからだと思う。そんな風潮を容認していくことの是非は本土・沖縄両方に問題があろう。私は何も沖縄らしさがあることを良しとしている訳ではないが、沖縄人の音楽性の変容には、時にあまりにヤマト迎合的に、本土的要素を混ぜ込んでいく、安易な沖縄の行き方を見るような思いがある。いろんな分野で同化が進むが、主体性・独自性を維持してほしいものだ。これは、しかしヤマトの要求がそうさせたといってもいいかもしれない。政治経済文化面でこうした沖縄の馴致的風潮が、若いウチナンチュ、そしてこれからの沖縄に受け継がれていくのかどうか、危惧を感じる。

喜納昌吉の『花』は、ORANGE RANGEとは異なる。彼はアメリカに影響されながらも、父親譲りの沖縄民謡の独自性を受け継ぎ、その音楽性を確かなものにして息の長いミュージシャンとして活動している。『花』はそのサブ・タイトルに「すべての人の心に花を」といっているが、この『花』は、その歌詞とメロディに人のやさしさや希望や愛の普遍性を花に託して歌っているように思う。アジアを中心に世界的に広がったこの名曲は、喜納昌吉の代表曲として人々に愛唱されている。時に喜納昌吉は、これを平和のメッセージ・ソングとして歌い、すべての人が「武器を捨て楽器を！」持って愛と平和の『花』を咲かせましょう、と世界を行脚している。いま彼は政治家として、平和のメッセンジャーとして活動しているが、その音楽に込められた人間性にあふれた花への思いを、具体的に実現できるのかどうか。見届けたいものである。

『花』

（①、② 略）

③涙流れて　どこどこ行くの
愛も流れて　どこどこ行くの
そんな流れを　このむねに
花として　花として　むかえてあげたい
　泣きなさい　笑いなさい
いつの日か　いつの日か　花を咲かそうよ

4 『おもろさうし』に花をみる

クバ／コバ（ビロウ）

島唄に花を見たのだが、次に沖縄の古典に歌われている「花」を取り上げてみたい。それは、『おもろさうし』（編纂成立十六〜十八世紀）を中心とする沖縄の叙事的世界を歌った神歌にみられる「花」である。『おもろさうし』の特徴は、記載された歌はすべて節名がつき、実際に謡われていたものである。また琉球尚王朝成立と国威を発揚する創世歌にしても、地方から収集された島唄にしても、いずれも叙事詩的であり、主に地方おもろや、仕事歌、祝歌、神歌で成り立つ。『万葉集』に譬えられながら、『万葉集』に多い相聞歌はほとんど見られない。そこには叙情性を好まぬ儒教の影響があると言われている。その中で伝統的に繰り返し謡われ、その「花」の機能や特徴がもっとも輝いて、歴史や政治の祭祀行事に中心的な役割を演ずる「花」がある。

それは、クバとかコバとかコバウと呼ばれる蒲葵（ビロウ）や、クネブとかクガニと呼ばれる柑橘類・シークヮーサー（ヒラミレモン）である。

クバ・コバは和名では蒲葵（ビロウ）である。広辞苑によれば「亜熱帯性常緑高木、九州南部・南西諸島に自生。形はシュロに似、葉は円形で直径一メートル、掌状に分裂して幹頂に叢生。四〜五月頃緑色の花序を出し、黄色の核果を結ぶ。葉は笠・団扇などに用い、繊維をとって縄を作る。若芽・茎の軟部は食用……」とある。本土でも蒲葵は、日常生活に実用的に役立っていたことが分かる。沖縄では、実用的な役も担っていたが、同時に天からの神の霊が宿るとされる大変重要な聖木である。

また沖縄ではみかんやシークヮーサーは、総称して九年母といわれる。シークヮーサーは、和名ではヒラミレモンである。本土のスダチに似て熟すれば美しい黄色となり、芳香が高い。果汁も香りがあり、クエン酸・ビタミンCが豊富で、最近では特にノビレチンという成分には、血液サラサラ効果や、ガンを抑制する作用があることが発見され、ジュースや食品に香味を添えるドレッシングとして使われ、薬飲料としてはやっている。沖縄ではクネブ（九年母）、クガニ（黄金）とも呼ばれ、黄金色の果実は太陽の光と霊力を吸収したものとして、やはり古くから聖木の果実として珍重されてきた。

まず、クバ・コバ・コバウであるが、池宮氏の調査によれば、「『おもろ』にはコバの付く御嶽名は思ったほどおおくない」（おもろさうし研究会編『おもろさうし精華抄』ひるぎ社、一九八七年所収）として、重複例をも含め十一例数えている。御嶽とは沖縄の鎮守の杜であり、神々が降臨する祭祀の場をさすが、その御嶽が『琉球国由来記』にはコバの付く御嶽名が一五ヶ所あるし、そのうち九ヶ所は「コバウ（ノ）モリ」「コバウ（ノ）タケ」である。「コバウ」は蒲葵生で、クバの生えているところの意だろう。しかも神名となると六〇余あげられており、その半数以上はコバヅカサノ御イベという名になっている。いかにクバに関する名称が多いかわかろう」としている。そして「面白いことにクバの付く名称は、神名杜名ともに沖縄本島および周辺離島にかぎられていることである」と興味深い指摘をしている。明らかに神権を有する尚王朝の厳然たる威光を示せる本島を中心とする権力範囲で、神行事が整って施行されていたことを窺わせるのである。

二、三例を紹介しよう。以下『おもろさうし』の引用は、最新版の外間守善・波照間永吉編著『定本　おもろさうし』（角川書店版、二〇〇二年）による。訳は解説本・諸本の訳を参照した。

例えば、池宮正治氏の論考にあげられた『おもろさうし』の例である。「白い風と蒲葵の花」と題して［第十八の一〇＝巻十七の五四］を掲げて蒲葵を解説している（『おもろさうし精華抄』所収）。

うらしろたちよいふし
ひやくなは、
うらしろ、　ふけば、
うらうらと、
わかぎみ、つかい
又　わが　うらは、
うらしろ、ふけば
又　てかずは
こば、はな　さきよら
又　かひやるは、
なみはな、さきよら

百名に
浦白が吹くと
うららかに
若君（船名）使い
我が浦に
浦白が吹くと
漕ぐごとに
蒲葵の花が咲くようだ
櫂遣るごとに
波の花がさくようだ

この歌について池宮氏は、「百名に爽やかな浦風が吹くと、うららかに若君（船）で招待。我が浦に浦白が吹くと、櫂の手ごとに（しぶきがあがり、まるで）蒲葵の花のように黄金色に輝いている。櫂を遣る手には波の花が咲いている」と解説する。さらに「なぜ漕行の飛沫を蒲葵の花と連想したのかと言えば、それは聖地への航行だったからであろう。聖地にはかならずクバが植えられていた。クバは聖なる木である。神が天に向って聳立するクバをつたって天降りするとも言われ、その葉は祭祀のさいの、神女たちの敷物、包みもの、被りものになった。各地にクバの原生林が厳重に保護され、その下葉を薪木とするにも厳しい山入りの期日があった」と琉球国時代でのクバの聖木としてのあり方、役割を重視している。この歌の「百名」は、玉城村百名を指し、この地の近くには「公朝御祈願」の浜川御嶽があり、「受水走水」があり、一年毎に王府の当職を遣わして祈願をさせたという。辺り一帯は聖地であり、時に国王も雨乞いに参加したらしい。「本土では宮崎県の青島のビロウがとりわけ有名だが、鹿児島県志布志町の枇榔島もその群落で有名で、このあたりにも沖縄と同じく、ビロウを神の憑依する聖木とする信仰がある。柳田国男の『海南小記』の旅の主題の一つが、このビロウにあったことを考えれば、クバは民俗学上の大問題でなければならぬ」と指摘している。ただ池宮氏はここでは聖木に憑依する神は何かについては特定していないが、氏の他論考での言及や私のフィールドの体験からも、太陽＝テダと、それを包括するニライカナイ（一般的には豊穣をもたらすという海の彼方の理想郷）にあることは間違いない。さらにこれによく似た「おもろ」として巻十三の一〇〇がある。

一　きこゑ、あけしのが、　　有名なアケシノ（神女）が
　あがるいの、こばもり、　　東方の蒲葵社
　こばの、はなの、さきよれば、　　蒲葵の花が咲くと
　うらうらと、　　うららかに
　わか、ぎみ、つかい　　若君（船名）使い
又　とよむ、あけしのが　　鳴響むアケシノが

この歌は、前掲歌の「うらうらと　わか　ぎみ　つかい」が似ているだけでなく、蒲葵の花の咲く歌の数少ない例である。池宮氏は、この歌を「比喩ではなく実景である。東方の「こばもり」は久高島のコバウの御嶽だと考えられている。クバの花の咲く頃、聖地を巡航するしきたりがあったらしい。しぶきをクバの花と連想するのは、そうした頃の神女たちの歌だからだと思われる」と解説している。

当時の古琉球では、聖木としてのクバ信仰も日常化していた。拝所のクバは大切にされ新たに植えなおされたりしてその神々しさを保っていた。特に神の島・久高島のクバの原生林はその神聖さをいや増す光景を形成していた。二〇〇三年私は再訪して御嶽とその原生林を訪れてみたが、手入れされずに鬱蒼とした状態で放置されたり、農地に転換されている。もはや久高島の神々しさも三十年前に見た最後の「イザイホー」の祭とともに失せてしまったのかと思われた。

ここにはもはや「太陽＝テダ」の光と霊力を受けて、その霊力＝セジを樹木に宿し、クバとして精気を放って、厳かに神事を行っていた聖地の樹としての神々しい姿はない。クバはもはや日陰をつくるただの木として存在するだけである。沖縄人の生活と精神の根底を形成していたものが、何処かに消え失せてしまった。なにも久高島だけではない。私の知る限りの聖地・他の島々の御嶽も同様の姿をしていた。

さて、次の例は、柑橘類のシークヮーサーで、沖縄では柑橘類を総称してクネブ（九年母）、クガニ（黄金）とも呼ばれ、黄金色の実は太陽の光と霊力を吸収したものとして、やはり古くから聖木の果実として重視されてきた。

「黄金木の下で」（巻二の三四）　　巻十三の二三六

うらおそいおもろのふし

一　ごゑく、あやみやに、　　越来綾庭に
こがね、げは、うへて　　黄金木を植えて
こがね、げが下、　　黄金木の下
きみのあぢの、　　君の按司（女神）が
しの、ぐり、よわる　きよらや　　しのくり給う見事さよ

又　ごゑく、くせみやに、　越来綾庭に

池宮氏の解説によると、「越来の綾庭に、黄金木を植えて、その黄金木の下で、神遊びをなさる、（そのことの）神々しさよ、ということになる」。氏は「どうしてわざわざ黄金木を植えて、とうたわれるのであろうか」と疑問を呈して、それは、「こがねげ」（黄金木）が九年母（すなわち柑橘類・みかんの総称）だろうから、「こがね」が美称として使われて、実は「植えて」とのかかわりがある、どういう木でもよいのではなく、琉球諸島の古謡には、九年母を植えることがよく見られるからである、と説明する。それはそうだろうが、やはり黄金木の目出度さ、陽光をいっぱい吸ったクネブ・シークヮーサーが神の霊をみなぎらせて実ることの縁起よさ、或いは表現上の縁語としてもいいのではないか。

シークヮーサー／九年母《クネブ》／黄金《クガニ》（ヒラミレモン）

　氏は『おもろさうし』の巻十三の二三六や巻十四の一三や巻十四の三を掲げて、そこに黄色く色づいてなる九年母が、南島の歌謡の中では全く特別の木であるという。また『大城グェーナ』には、九年母が王や貴紳に献上され、長寿延命を寿ぐと謡われている、という。宮古の『東里真中』、八重山の『なまさ屋ユンタ』に、九年母が女の子の成長と恋の関係を謡っているのをみている。そして『おもろさうし』の巻十四の三にみられる、「くねぶとて　はきよわちへ　くねぶとて　はきよわちへ」つまり、「九年母取りて佩き給いて　かなし取りて佩き給いて」であるが、それこそ「くねぶ」を取って佩くとあるが、「むろん九年母の実を取って玉に貫き、レイのようにして首に佩くことを言う」と解釈して、それは「成女表示」ではなかったかと推察する。八重山の『はいだユンタ』は佩いた女が彼氏を誘うのであり、『むすびのだんごーまジラバ』では、九年母を彼氏に佩かせることにより結婚することになる。このように九年母には成女表示や愛の交歓や結婚が象徴されている。つまり太陽の霊力を持つ九年母は、自然と人間の生の営みに関与しているのである。

　すると巻十三の二三六にある「あがるいの大ぬし　大ぬしが御まへに　くねぶげは植へておちへ……」すなわち「東方の大王（太陽）　その大王（太陽）の御前に　九年母木を植えて置いて……」であるが、これは九年母・黄金木が、十分に太陽を意識して、太陽の前に植えられるのである。この点に関して「おもろでは朝日の昇る穴を「こがねあな」〈黄金穴〉といい、太陽を「こがねはな」〈黄金花〉とイメージし、その太陽から発した霊力を「こがねすへ（するゑ・せひ）」と池宮氏は言う。続けて「「こがねげ」〈黄金木〉の「こがね」は、単なる美称ではなく、九年母は黄色く熟した果実に太陽の精気を充満させた聖木であり、あるいは太陽そのものの象徴でもあったろう。君の按司なる神女が、その黄金木の下で、しのぐり給う儀礼とは、手を挙げ、足を踏みとどろかす乱舞でもあったかも知れない。しかし内実は太陽の霊力を乞い招く儀式ではなかったのか。神女名に「しの」の付く例が多いのもこれと深いかかわりがあることが知れる。それ故、東方の雲の背後にある生命の根源なる太陽は、豊穣を保障（準備）することともなるのである。九年母の長寿延命の霊力は、太陽の霊力を受けたものと考えることもできるが、香気の高い柑橘類が、それ自身でもっていた日本人の信仰と考えてもよく、また南島の各地では成女表示ともなって乙女たちの胸を飾り、多くのロマンスをうたいあげたのであった。実に九年母木は南島にあっては、格別の意味をもった樹木だったのである」と魅力的な見解を披瀝している。

　こうした九年母を、地上の自然界における日常生活になくてはならぬものとして、太陽の霊力を受けた、いわばテダがセジ＝太陽の霊力の象徴として、扱っている。そのことは、いかに太陽の下での生活が有難いか、そしてそれが太陽信仰につながるものとして考えられる。さらに、地上の人間界においてはその支配がまた太陽の霊力を受けたものということにつながるのである。神歌になる背景には、民衆（沖縄人）が自ずとテダ＝太陽に頭が下がる古の世界にあって、「あがるいの大ぬし」（東方の大主）＝太陽のセジ（霊力）を授かるものこそ、民衆（沖縄人）の統合の象徴としての国王でなければならない。国を統治するものは、太陽からの霊を賜るものであることが必須なのである。つまり「あがるいの大ぬし」＝国王でもあるのである。国家成立のために太陽の助けを必要とするのである。琉球国の初代の王・英祖王はテダの子（太陽の子）であった。これは日本の神話にも見られる天照大神を天皇の祖先とする発想と同じである。国生みの神話は大方そうである。

確かに古代琉球王国と古琉球人の関係を省察すると、太陽の信仰は重要な意味がある。王が即ち太陽の霊力および神権を授与されたとみる結果、琉球王朝は権威付けられ、王威と国威を発揚できるわけだ。それは制度を完備して行政や宗教政治に顕著となる。十五世紀後半には尚真王は神女制度をつくり公的ノロ（神女）を通して、各地域に、琉球国・王を崇敬する神行事を司祭する。王国の政治的な宗教権力を策定して島々を治めた。

しかし、それは制度上のことで、上から下への天下りの行政的信仰は、島人の生活と心に普遍性を持っていたとは言えない。むしろ島人のなりわいには元々ある独自の祭祀の行事が受け継がれていて、島人は公的ノロの差配する行事には従いつつも、島本来の年中行事を通しての島の村のなりわいや信仰を崩してはいない。それは、私の三〇年にわたるフィールド調査に基づく考えからいっても、現実的に直接的に太陽崇拝は祭祀の中心になっているとは思われない。私は拙論「沖縄の祭祀と神観念」（『沖縄の祭祀』三弥井書店、一九八七年刊所収、及び『沖縄祭祀の研究』翰林書房、一九九四年参照）で「沖縄人の固有信仰の中心をなすと考えられる二つの神、一つは海の彼方にあるニライカナイのセジ、もう一つは祖先崇拝から生じる祖霊神。この二つの神は沖縄の祭祀の全てに絡んでいる」と言及した。そして「太陽神信仰は他の神々に複合されて関わっている」として、島の年中行事には、太陽神が直接的に生かされ信仰の対象として中心となっていたとは考えられない。そのような祭祀事例及び伝承は一、二例といっていいほどである。

5　太陽＝テダを二つの花に譬える

ところで古琉球人は太陽を二つに見ていたのではないか。一つは政治的に利用された「太陽」＝テダである。『おもろさうし』にあるように「あがるいの大ぬし」（東方の大主）は、テダの子としての「国王」を認めた。これは政治的で歴史的見方である。二つは島人のなりわいを通して「太陽」は「あがるいの黄金花」であるとし、「あけもどろの花」（極めて鮮やかな色の花）という比喩に見られるごとく、自然現象を素直に観察してその恩恵を生活に生かしていく人間（島人）的な見方である。

その二つ目の見方こそ、ウチナンチュの純粋で基本的な太陽＝テダに対する見方ではないか。それを次に説明しよう。

私は、沖縄で「あけもどろの花」と呼ばれる朝日を何度もみた。それはその表現にふさわしい荘厳ですばらしいものであった。太陽を「クガニバナ（黄金花）」と呼ぶことからもわかるように、沖縄では太陽はまさに黄金に値する「花」であり、その「花」へのウチナンチュの敬愛と恩義と、そして根源的な信仰を寄せるニライカナイへの憧れとが、強い結びつきを持って、シマンチュ（島人）は、ニライカナイとテダに強い信仰心を今日に至るまで長い間受け継いできているのである。

即ち、「おもろ」の巻十三の一〇六に見られる古琉球の詩人の歌である。

一　てにゝ、とよむ、大ぬし、　　天に鳴響く大主
　あけ、もどろの、はなの、さいわたり、　　あけもどろの花が咲きわたり

あれよ、みれよ、きよらやよ　　さああれをごらん清々しい
又　ぢてに、とよむ、大ぬし　　天に鳴響く大主
　あけ、もどろの、はなの　　あけもどろの花が咲きわたり

もともとウチナンチュには、素直に頭が下がる自然への畏敬があったのである。「あけもどろの花」というように、太陽を「極彩色の花」と喩える自然に湧き上がる感動表現がその原点にあったのであろう。つまり、太陽を「花」とみるか、「王」と置換するか。おそらく前者が本筋であろう。それが一つは王政の神権に関わり、一つは庶民の生活レベルでの素直な感動と崇敬に関わった。そしてそれを巧みにコラボレートして琉球王国の支配に組込む。太陽を「花」と見るなら、琉球王はその「あけもどろの花」から生み出されたものだ、という理屈も可能である。太陽を「花」とみてきた古琉球人にとって、太陽もまた琉球列島固有普遍の信仰である広義な「ニライカナイ」に繋がるのではないか。確かに史料の上で、文献の上で「太陽信仰」と「王権」の関係を読み取り、王・太陽信仰が古琉球全体の信仰であった風には考えられるが、実際には島人レベルでは、そうとは言い切れない。祭祀の事例を数多くあげても、祭祀はまず、身近な祖先崇拝からはじまり、やがてニライカナイの来訪神を迎えて佳境に入る。古くから延々と続いてきた祖先崇拝とニライカナイの考えかたに主眼がある。この際「太陽」はニライカナイから幸を運び恵む一つの大きな要素であった。

沖縄人の神歌の背景には、太陽への信仰、さらには太陽の上がる東（沖縄ではアガリと呼ぶ）の遙か彼方にあるニライカナイへの信仰がある。ニライカナイとは、神の住む国で、そこはあらゆる富、豊穣、生命の根源があるとされる。また祖先の霊の宿る処、悪霊も住む処（ヤマトで言えば、常世・龍宮とでも言えようか）としてアンビヴァレンツな意味を有している。そして沖縄ではこのニライカナイこそ太陽信仰と対等か、いやそれをも包括する来世の概念があるともいわれている。そのニライカナイへの信仰が存在する。

あがるいの花／あけもどろの花にたとえられるテダ＝太陽

その信仰を日常的な祭祀に具現化しているものとして、「あがるいのテダ」＝東方の太陽からその光と霊を授かる果実シークヮーサーがある。黄金色に輝くシークヮーサー・クネブ・クガニが、その実に宿る霊力をもっているが故に、古くから祭祀で重要視され続けている。このあがるいの重視は、琉球諸島の祭で、綱引きではおおむね東側が勝利すること（例外もある）になっているなど、東方信仰の精神即ち太陽があがる・昇る方位にこそ人々の願いと希望と憧憬がある、という信仰に受け継がれているのである。

さて、太陽をめぐるウチナンチュの二つの見方を検証してきたが、いま時の流れは当然沖縄の人々の考え方を変えないではおかない。かつて聖木として崇められたクバの木の信仰も、祭祀を司る者にしかわかっていないのではないか。拝所のクバは倒れるにまかせて新たに植える人はいないし、あの聖地久高島でさえ島々の原生林は壊されて農地を広げるにいたっている。クバも車道の並木や公園や庭木に植わっていて、外来種のクバも混じっている。

シークヮーサー・クネブ・クガニが太陽の霊力を吸収して、黄金の木や花として神前に供せられ、また愛や成女表示の象徴として考えられていたのが、もはや美容と健康のための食用や薬用に重きが置かれ、その実に宿る霊力に想いを馳せるといった、そんな豊かな想像力はもはや古琉球人のものでしかないのであろうか。

時代の流れは、ニライカナイを憧憬し太陽信仰の尚王朝以前の物々交換を享受していた時代から貨幣時代を経て、資本主義経済そして市場原理の競争主義の時代へと変化し、ウチナンチュの暮らしを拝金主義の世の中に変えてしまう。先に述べた『朝花』や『黄金の花』などの島唄には、奄美・琉球列島の人々が、いつか搾取され、やがて競争主義の時代へと変容していく状況を、如何に正していくかを、歌詞に含ませて歌っている。

都会化した、或いはヤマト化した沖縄人が黄金の花を求めても、失敗して戻ってくる。最近、夏川りみが歌っている『黄金の花』（作詞岡本おさみ、作曲知名定男）は、

①黄金の花が咲くという
噂で夢を描いたの
家族を故郷、故郷に
置いて泣き泣き、出てきたの

②素朴で純情な人達よ
きれいな目をした人たちよ
黄金でその目を汚さないで
黄金の花はいつか散る

③あなたの生まれたその国に
どんな花が咲きますか
神が与えた宝物
それはお金じゃないはずよ

④素朴で純情な人達よ
本当の花を咲かせて
黄金で心を捨てないで
黄金の花はいつか散る

⑤黄金で心を捨てないで
本当の花を咲かせてね

これらを歌うと沖縄人の心に花を、と叫びたくなる。喜納昌吉の『花』のように「すべての人の心に花を」と歌いたくなるのである。テダの下、栄光と誇りに輝いたウチナンチュは、いま自然の恵みを多く与えてくれた太陽を畏敬し感謝する気持ちは失せてしまったのであろうか。

つまり、かつて黄金の花―太陽が、いまや黄金の花―お金に変質する。かつての太陽の恵みを忘れ、いまの黄金の花―お金に心が汚れてしまう。まさに、「素朴で純情な人達よ　本当の花を咲かせてね　黄金で心を捨てないで　黄金の花はいつか散る　黄金で心を捨てないで　本当の花を咲かせてね」であろう。かつて古琉球人は、「本当の花」が「あけもどろの花」であり、その「太陽が花」として純粋に太陽を崇めてきた。それをいま沖縄人の心の中心に置き、生きる上での支えとして信仰してきたことに、もう一度戻りませんか、「本当の花を咲かせてね」と歌っているのである。これこそウチナンチュの心に潜在化してあった「テダが花」の本質をついている。


以下参考文献を記す。なお拙論に引用したもので、通説以外で独自の見解を持つ論考は文中出典を明記した。

高阪　薫『沖縄の祭祀』三弥井書店、一九八七年。

同『沖縄祭祀の研究』翰林書房、一九九四年。

外間守善・波照間永吉編『定本おもろさうし』角川書店、二〇〇二年。

おもろ研究会編『おもろさうし精華抄』ひるぎ社、一九八七年。

「沖縄を知る事典」編集委員会編『沖縄を知る事典』二〇〇〇年。

沖縄大百科事典刊行事務局編『沖縄大百科事典』上下、沖縄タイムス社、一九八三年。

小川学夫『奄美の島唄』根源社、一九八一年。

同『奄美シマウタへの招待』文苑堂、一九九九年。
屋比久壮実『植物の本』アクアコーラル企画、二〇〇四年。
宮城かおり『花びより』沖縄文化社、二〇〇一年。
多和田真淳監修・仲真良英『沖縄教材植物図鑑』沖縄時事出版、二〇〇三年。
前田光康・野瀬弘美『沖縄民俗薬用動植物誌』ニライ社、一九九九年。
吉川敏男『薬草と漢方の進め』ニライ社、一九九八年。
宇良宗健『沖縄の山野草と草もの盆栽』那覇出版社、二〇〇三年。
窪島誠一郎監修『無言館遺された絵画展』NHKきんきメディアプラン、二〇〇五年。

第二部　「花」そのもの

花々の命の営み

田中　修

遠い昔から、花々は、絵に描かれ、詩歌に読まれ、童謡に口ずさまれてきた。しかし、私たち人間は、花々の命の営みに思いを馳せたり、花々の生き方や生きるしくみを考えたりすることは少なかった。そんなことを思わなくても考えなくても、私たちの生活に直接の影響はないからであろう。

しかし、花々は、種族の存続と繁栄を担って、懸命に生きている。花々の真摯な命の営みを知れば、私たちのまわりの花々を見る気持ちは、ちょっと変わってくるはずである。花々の生き方や生きるしくみを知れば、それらは、同じ生き物である私たちの心に共鳴し、私たちの心に豊かな潤いをもたらしてくれるだろう。人間の命を考えるきっかけや手がかりを与えてくれるかもしれない。

だから、花々の命の営みに思いを馳せ、花々の生き方や生きるしくみを考えるひとときがあってもいいだろう。そんな思いを込めて、花々の命の営みを紹介する。

1 なぜ、春と秋に、多くの花が咲くか？

多くの植物の花は、春と秋に咲く。なぜ、春と秋に多くの花が咲くのだろうか。「たまたまだろう」あるいは「春と秋はちょうど良い気温だから」と思われるかもしれない。しかし、植物が花を咲かせるのは、そんなに気楽なものではない。

花の美しさに気を取られているとついつい忘れがちであるが、花は生殖器である。だから、花が咲けばタネができる。それ故、「なぜ、春と秋に多くの花が咲くか」という疑問は、「なぜ、春と秋に多くの植物がタネをつくるか」という疑問に置き換わる。

タネには大切な役割がいくつかあり、その中の一つは、都合の悪い環境をしのぐことである。タネは、植物の姿では耐えがたい都合の悪い環境をしのぎ、生きのびることができる。「弥生時代の遺跡から発掘されたハスのタネが、発芽して成長し花を咲かせた」という話がある。このタネは、約二千年の間、遺跡の中で生きのびていたのだ。こんな極端な例でなくても、「遺跡から出土した何百年前のタネが、発芽し成長した」という話題は珍しくない。これらの事実は、タネは都合の悪い環境に耐え、長い寿命を保つことを示している。

植物にとって、毎年必ず出会わねばならない都合の悪い環境とは、何であろうか。夏の暑さ、冬の寒さである。だから、暑さに弱い植物は、暑くなる前の季節である春に花を咲かせてタネをつくり、夏の暑さをタネの姿でしのぐ。寒さに弱い植物は、寒くなる前の季節である秋に花を咲かせてタネをつくり、冬の寒さをタネの姿でしのぐ。だから、暑さ、寒さが来る前の季節、春と秋に花を咲かせる植物が多いのである。

もしそうなら、花は、春の間に「もうすぐ暑くなる」、あるいは、秋の間に「もうすぐ寒くなる」ことを知って、咲くことになる。ほんとうに、花は、暑さ、寒さの訪れることを前もって知るのだろうか。この疑問に対する答えは、「花は、暑さ、寒さの訪れを前もって知る」である。すなわち、ツボミは、暑さ、寒さの訪れを前もって知って生まれ、花は咲くのである。

では、「ツボミは、どのようにして、暑さ、寒さの訪れを前もって知るのか」という疑問が当然生まれる。これに対する答えは、「植物が夜の長さをはかるから」である。夜の長さをはかれば、暑さ、寒さの訪れが前もってわかるのだろうか。実は、「わかる」のである。

たとえば、もっとも夜が短いのは、夏至の日で六月下旬である。もっとも暑いのは、約二カ月遅れた八月頃である。だから、夜の長さをはかると、暑さが来るのを約二カ月先取りできる。また、もっとも夜が長くなるのは、冬至の日で十二月下旬である。もっとも寒いのは、約二カ月遅れた二月頃である。だから、夜の長さをはかっていれば、寒さが来るのを約二カ月先取りできるのだ。

植物が夜の長さをはかり、暑さ、寒さの訪れを約二カ月先取りして、ツボミは生まれ、花が咲く。花が咲いてタネができれば、植物は、暑さ、寒さを耐え忍んで生きていけるのである。

2　夜の長さに反応して、ツボミは生まれるか？

ほんとうに、夜の長さに反応して、ツボミは生まれるのだろうか。「夜の長さに反応して、ツボミは生まれる」ことが発見されるきっかけとなった歴史的な実験は、一九一八年、アメリカのガーナーとアラードによって行われた。彼らは、ダイズのビロキシという品種のタネを、五月から八月にかけて、いろいろな日に蒔いた。どのタネも発芽して成長した。そして、九月になると、発芽後の期間が大幅に異なるから、株ごとに背丈や葉の数は異なっていた。

当時、「植物は大きくなったら、ひとりでにツボミはでき花が咲く」と思われていた。もしそうなら、この実験では、植物の大きさがバラバラだから、ツボミができ花が咲く時期はバラバラになるはずである。ところが、ふしぎなことに、すべての植物が九月にツボミをつくり花咲いたのだ。五月に発芽した株も、八月に発芽した株も、九月に同じように、ツボミをつくり花咲いたのだ。

この現象は、「植物は大きく育たなくても、ツボミができ花が咲く」ことを示している。植物がツボミをつくり花咲くのに、「どのくらいの背丈に育ったか」とか「どのくらいの期間、成長したか」ということは重要でないことになる。この植物がツボミをつけ花咲くためには、九月という初秋の季節が大切なのだ。

この実験をきっかけに、植物が花を咲かせるのに、季節が重要であることがわかった。季節により変化する環境要因として、温度、光の強さ、昼夜の長さなどが考えられる。ガーナーとアラードは、これらを慎重に調べ、ダイズのビロキシという品種は、昼が短くなり夜が長くなると、ツボミをつくって花咲くことを見出した。その結果、「季節により変化する昼と夜の長さに反応して、ツボミは生まれ花が咲く」と結論した。

暑さ、寒さをしのぐために、昼と夜の長さの変化に反応して、植物はツボミをつくり花を咲かせる。そこで、「昼と夜のどちらの長さが、より重要なのか」を知る試みが多くの植物で行われた。

ここでは、アサガオの実験を紹介する。アサガオの芽生えを、電灯をつけたままの照明下で育てると、この植物はいつまでもツボミをつくらない。夜の暗黒がなければ、ツボミは生まれないのだ。そこで、いろいろな長さの夜（暗黒）を一回だけ与える。しかし、ある長さ（約九時間）以下の暗黒を与えても、ツボミはつくられない。与える暗黒の時間をだんだんと長くしていくと、ある長さ（約九時間一五分）以上の暗黒で、ツボミはつくられ花が咲く。だから、与えられる夜の長さに反応して、ツボミは生まれ花は咲くのだ。昼の長さより夜の暗黒の長さの方が、ツボミが生まれ花が咲くためには大切なのである。

植物が夜の長さをはかるのは、たいへん正確である。たった一五分間の違いを識別して、ツボミができ花が咲くか咲かないかが決まる。たとえば、イネの場合、夜の長さが九時間四五分ではツボミはできず決して花咲かないが、夜の長さが一〇時間以上になるとツボミができて花が咲く。オナモミは、夜の長さが八時間一五分では、ツボミはできず花は咲かないが、夜の長さが八時間三〇分を越えると、ツボミができて花が咲く。

夜の長さに反応して花が咲くことに着目すると、ほとんどの植物が三つのタイプに分けられる。一つは、夜が短くなる春から初夏に花を咲かせるタイプである。夏の暑さに弱いアブラナやカーネーションなどの植物たちである。二つ目は、夜が長くなる秋に花を咲かせるタイプである。冬の寒さに弱いキクやコスモスなどの植物たちである。三つ目のタイプは、昔から思われていたように、一定期間の成長の後、花を咲かせる植物であり、夜の長さに反応しない。身近なものでは、トマト、トウモロコシ、セイヨウタンポポなどである。

3　花を咲かせる物質〝フロリゲン〟は存在するか？

植物は、どこで、夜の長さをはかっているのだろうか。それを知るために、アサガオの芽生えを、電灯をつけっぱなしの照明下で育てる。すでに紹介したように、この植物は長い夜がなければ、決してツボミをつくらず、花は咲かない。そこで、葉、茎、芽、根のいずれかだけを覆って、長い暗黒を与える。どの部分を覆ったときに、ツボミができるだろうか。葉っぱを覆った場合に、ツボミができ花が咲く。つまり、葉っぱが夜の長さを感じるのだ。

葉っぱが夜の長さを感じるのは、たいへん敏感である。アサガオのタネが発芽したばかりのふた葉の葉っぱに、夜を感じる能力がすでにある。だから、発芽したばかりのふた葉の葉っぱに長い夜を与えると、小さい芽生えのうちにツボミをつくらせ花を咲かせることができる。アサガオだけでなく、多くの植物がツボミをつくり花咲くために夜の暗黒の長さをはかっているのは、葉っぱである。

一方、花が咲くのは芽の部分である。つまり、ツボミは芽にできるのだ。植物のからだでは、葉っぱと芽は離れて位置している。ということは、ツボミをつくり花を咲かせるための夜の暗黒の長さを感じた葉っぱから芽に、「ツボミをつくりはじめよ」という合図が伝えられなければならない。一九三六年にソ連のチャイラヒアンは、「葉っぱは、感受した夜の暗黒の長さに応じて、ツボミをつくらせる物質をつくり、それを芽に送る」という考えを提唱し、その物質を「フロリゲン」と名づけた。

もし私たちがフロリゲンを手にすることができれば、それを好きな時期に芽に与え、ツボミをつくらせ花を咲かせることができる。花の栽培はもちろんのこと、タネや果実を利用する作物栽培も、収穫までの栽培期間を思うように調節でき、効率的に作物をつくれる。そこで、世界中の多くの研究者が「ツボミをつくりはじめよ」という合図を送る葉っぱから、フロリゲンを取り出そうと試みた。

しかし、残念なことに、チャイラヒアンの提唱以来約七〇年を経た現在まで、フロリゲンを取り出すことに成功していない。未だにその正体は不明のままである。そのため、今や「幻のフロリゲン」と呼ばれはじめている。

4　サクラの花は、なぜ、秋に咲かないか？

多くの草花は、タネになって、冬の寒さをしのぐ。しかし、樹木には、生まれたツボミが冬の寒さを耐えるものがある。春に花咲くウメやモモ、リンゴやモクレンなどの樹木であり、これらの代表がサクラである。

サクラの花は、秋に季節はずれに咲くことがある。すると、新聞やテレビで、さぞ不思議なことのようにもてはやされ報道される。たしかに、春に咲くサクラの花が秋に咲けば、不思議である。「なぜだろう」と考える意味はあるだろう。しかし、ほんとうに大切なことが見逃されている。「春に花咲くサクラのツボミはいつできるか」ということである。

春に花咲くサクラのツボミはいつできるのだろうか。春、夏、秋、冬の四つの季節に分けて答えてほしい。正解は、夏である。サクラのツボミは、花の咲く前の年の夏にできる。もしサクラのツボミが夏にできるのなら、秋に咲いても、そんなに不思議ではない。むしろ、「どうして、夏にできたツボミが春まで咲かないのか」の方が不思議である。

「夏にできたツボミが、なぜ、秋に咲かず春に咲くのか」と考えて、「秋は涼しく春は暖かいから」と答える人があるかも知れない。しかし、春の温度と秋の温度は同じである。夏が暑いからそれに続く秋は涼しく感じ、冬が寒いから春は暖かく感じるだけである。

もし、夏にできたツボミが成長して秋にサクラの花が咲いてしまったら、どうなるだろう。キクやコスモスは、夏の終わり、あるいは、初秋にツボミをつくり、秋に花を咲かせる。しかし、タネをつくるまでの期間が短いので、秋の間にタネをつくり、冬の寒さがくるまでにタネを残せる。しかし、サクラはタネをつくるまでに時間がかかる。だから、秋に花が咲いてしまうと、やがてやってくる冬の寒さのためにタネはできず、子孫を残せない。もしそうなら、種族は滅びる。そうならないために、夏にできたツボミは、秋に、冬を越すための堅い芽である「越冬芽」になる。

冬の寒さをしのぐための越冬芽が秋につくられるのなら、樹木は秋の間に「もうすぐ寒くなる」ことを知っていることになる。夏や冬をタネで過ごすために、春や秋に花を咲かせる植物の葉っぱは夜の長さをはかっていた（「2　夜の長さに反応して、ツボミは生まれるか？」を参照）。同じように、樹木の葉っぱも、秋の間に「もうすぐ寒くなる」ことを知って越冬芽をつくるために、夜の長さをはかるのだ。

秋に夜が長くなると、長い夜を感じた葉っぱは、「アブシジン酸（アブシシン酸）」という物質をつくり芽に送る。芽にその量が増えると、芽にあるツボミは越冬芽になるのだ。こうして秋にツボミを包み込んだ越冬芽ができる。葉っぱだけを包み込んだ越冬芽も同じしくみで、秋にできるのだ。だから、冬の寒さをしのぐための越冬芽には、ツボミを包み込んだものと葉っぱが包み込まれたものの二種類がある。

では、なぜ秋にサクラの花が咲くことがあるのだろうか。秋にサクラの花が咲いたら、その前歴を尋ねてほしい。多くの場合、夏、毛虫に葉っぱがすっかり食べられている。葉っぱがないと、秋になっても、夜の長さをはかれずアブシジン酸をつくれない。そのため、ツボミは越冬芽になれず、春と同じような秋の暖かさの中で、花が咲いてしまうのだ。これが、〝ボケ咲き〟と呼ばれる秋の開花現象である。決して、ツボミがボケて、花咲いているわけではない。植物のきちんとしたしくみに基づいておこっているのだ。

二〇〇四年の初秋、西宮や芦屋、神戸などで、奇妙な現象がおこった。あちこちで、多くの樹木の葉っぱが枯れたのだ。原因は、九月初旬に、雨が降らない台風がきたためであった。台風が海から塩水を運んできて、塩が葉っぱについた。でも、雨が降らないために、塩が洗い流されずに、その塩で葉っぱが枯れたのだ。「塩害」である。この現象は、台風の通り道に沿っておこった。

ところが、秋が深まると、台風の通り道のあちこちで、サクラの花が咲きはじめたのだ。この原因は、容易に想像がつくだろう。塩害で葉っぱが枯れたために、越冬芽をつくるための物質「アブシジン酸」がつくられなかったのだ。だから、ツボミは越冬芽になれず、秋の暖かい日差しのもとで、花咲いたのだ。秋に越冬芽をつくるためのしくみがおこした異変であった。

5　サクラの花は、暖かければ咲くか？

では、冬を越したツボミの越冬芽は、いつから、どうしたら、大きく膨らみはじめ花咲くのだろうか。冬から春にかけて暖かい年には、サクラの花は早く咲き、寒い年には、花咲くのが遅れる。また、サクラの開花前線は、暖かい南の地方から北へ向かって進む。つまり、サクラの花は、春、暖かいほど早く咲くのだ。

そこで、十二月上旬から、サクラの樹をビニールハウスで覆って、その中でストーブを焚いて春のように暖かくしたら、お正月の頃に、サクラの花は咲くだろうか。このサクラは、お正月の頃に花咲かないばかりか、春になっても花咲かないのだ。

しかし、「二月上旬から、あたたかいビニールハウスで覆って温めると、二月下旬に、サクラの花が咲く」という話を聞かれたことがあるだろう。実際、二月上旬から、サクラの樹をビニールハウスで覆って、その中を暖かくすると、二月下旬には花が咲くのだ。

「なぜ、二月上旬から温めたら早く咲いて、十二月上旬から温めると花は咲かないのか」という疑問がおこる。それに対する答えは、「十二月上旬には、越冬芽が、まだ冬の寒さを感じていないから」である。サクラは、寒さをからだで感じたあとに暖かさを感じると、ほんとうに「春が来た」と思う用心深い植物なのである。

だから、もし秋からソメイヨシノの樹を冷蔵庫などでしばらく冷やした後で温めたら、クリスマスやお正月の頃、花は咲くだろう。でも、サクラの樹を冷蔵庫で冷やすという試みは、まだ聞いたことがない。

6　なぜ、葉っぱが出るより先に、花が咲くのか？

モクレンやサクラのソメイヨシノなどでは、葉っぱが出るより先に花が咲く。なぜ、葉っぱが出るより先に、花が咲くのだろうか。冬の寒さを越すための越冬芽には、二種類ある。葉っぱを包み込んだ越冬芽と、ツボミを包み込んだ越冬芽である。どちらの芽がより低い温度で成長できるかで、花が先に咲くか葉っぱが先に出るかが決まる。

モクレンやソメイヨシノのツボミの越冬芽は、葉っぱの越冬芽よりも、低い温度で成長をはじめる。だから、葉っぱが出ないうちにツボミが成長し、まるで枯れ木のような樹に、花が咲く。

ソメイヨシノと同じサクラでも、ヤマザクラなどは、逆のタイプである。葉を包み込んだ越冬芽が、ツボミの越冬芽よりも、低い温度で成長する。だから、葉っぱを包み込んだ越冬芽が先に成長し、花が咲く前に、葉っぱが出る。

おとぎ話の「花咲か爺さん」では、「枯れ木にサクラの花が咲いた」と表現される。これは枯れ木ではなく、葉っぱがまだ出ていない樹に花が咲いた状態を表現したものだろう。だから、あのサクラは花を先に咲かせるソメイヨシノのタイプであり、葉っぱを先に出すヤマザクラのタイプではなかったはずである。

ところが、ソメイヨシノが生まれたのは、江戸時代の末である。一方、「花咲か爺さん」の話は、江戸時代中期以降の文献に見受けられる。だから、あのサクラはソメイヨシノであるはずがない。葉っぱが出ないうちに花が咲くエドヒガンというような品種ではないだろうか。この品種はソメイヨシノの親であり、ソメイヨシノはこの親の「葉っぱが出るより先に、花を咲かせる」という性質を受け継いでいるのだ。

7　チューリップは、どうしたら、クリスマスに花咲くか？

季節外れに花咲く代表は、チューリップである。クリスマスやお正月にこの花が咲いていて売られていても、誰にも不思議がられない。「なぜ、春に咲くチューリップの花がクリスマスやお正月に咲いているのか」と問えば、「暖かい温室で栽培されているから」、あるいは、「促成栽培されているから」という答えが返ってくる。では、「チューリップの促成栽培とは、どのように栽培するのか」と問えば、やっぱり、「暖かいところで育てる」という答えが返ってくる。

ほんとうに、チューリップは暖かいところで育てたら、クリスマスやお正月に花咲くのだろうか。実は、チューリップは暖かいところで育てられるだけでは、クリスマスやお正月に、花を咲かせることはないのだ。チューリップのツボミは、球根の中で、花の咲く前年の夏につくられる。七月中に花びら、メシベ、オシベが球根内でつくられる。しかし、夏にできたツボミが発育するには、八～九度の寒さに出会うことが必要である。ところが、ツボミができた夏から秋に、八～九度の寒さには出会えない。そのため、チューリップのツボミは、球根の中で、発育が止まった状態で、〝冬の寒さ〟に出会うのを待つ。

それゆえ、チューリップの促成栽培では、冬の寒さを早く感じさせることが大切である。八～九度という冬の寒さを、夏から秋に、約十三週間与える。その後に、春のような暖かいところで育てれば、約十二週間後に、花は咲く。クリスマスやお正月に、鉢植えのチューリップの花を咲かすことができるのだ。

チューリップだけでなく、ヒヤシンス、スイセン、クロッカスなどの春咲きの球根類も、夏にツボミをつくる。これらのツボミが成長をはじめるためには、やっぱり、〝冬の寒さ〟に出会わねばならない。これらの球根は、冬の寒さを体感することで冬の通過を確認して春の活動をはじめるという用心深い性質を持っているのだ。だから、これらの球根類を促成栽培する場合、人為的に、夏や秋に寒さを与えることが大切である。

一年中暖かい温室では、冬でも、緑の葉っぱを持つ植物が元気よく育ち、花を咲かせる植物もいる。また、年中気温の高い熱帯のジャングルや雨林では、多くの植物種が勢いよく繁茂している。だから、一年中暖かいことが、植物が育つのに理想的な環境だと考えられがちである。しかし、春咲きの球根類が花咲くためには、冬の寒さに出会うことが不可欠なのである。

8　花々が近親交配を避けるしくみとは？

紹介してきたように、花々は用心深くタイミングをはかって咲いている。そして、咲いた花々には、大切な仕事が待っている。子孫、すなわち、タネをつくることである。

多くの花の中にはオシベとメシベがあり、オシベの花粉がメシベにつけば、タネができることはよく知られている。しかし、植物は自分の花粉を同じ花の中にある自分のメシベにつけてタネを残すことを望んでいない。そうしてタネをつくっても、自分と同じ性質の子孫（タネ）を残すだけだからである。

植物が花粉をつくる目的は、自分以外の株に咲く仲間の花のメシベに花粉をつけることである。そうすれば、花粉を持つ自分の性質とメシベの持つ株の性質とが混じり合い、いろいろな性質のタネができる。いろいろな性質の子孫がいると、いろんな環境の中で生きていくことができるのである。

自分の花粉を自分のメシベにつけてタネをつくっても、自分と同じ性質の子孫を残すだけで利益がない。利益がないばかりでなく、隠されていた悪い性質が出てくる可能性がある。生物種にとっては、むしろ害である場合が多いのだ。人間の場合も同じである。だから、人間の場合には、同じような遺伝子を持つ近親間の結婚を、法で禁じている。

だから、植物もできるだけ、自分の花粉が自分のメシベにつくことを避けている。たとえば、多くの花では、オシベとメシベは、高さや長さを変えており、そっぽを向くように、お互いが離れている。花を一つの家庭の中とすれば、「家庭内別居」の状態で、オシベとメシベが接触を避けているのだ。

別の巧妙なしくみもある。一つの花のオシベとメシベが成熟する時期をずらすものである。モクレンやオオバコでは、メシベが先に成熟し、オシベが花粉を出す頃には、メシベは萎れている。逆に、キキョウやホウセンカでは、オシベが先に成熟して花粉を放出し、メシベが成熟するときには、オシベは萎れて花粉はなくなっている。オシベとメシベが成熟する時間をずらせて「すれ違い夫婦」のような状態をつくって、お互いが接触を避けているのだ。

9　「人工授粉」は、何のためにするか？

拙著『クイズ　植物入門』（講談社ブルーバックス）に、正答率の低い問題がある。「果樹園では、花が咲くとわざわざ他の品種の花粉を受粉させる。たとえば、ナシの『二十世紀』を栽培している果樹園なら、同じナシの『長十郎』などが栽培されている果樹園で花粉を集め、自分の果樹園に持ち帰って受粉させる。人間が、虫の代わりをするのだ。これを『人工授粉』という。さて、何のためにこんな面倒な『人工授粉』をするのだろうか。」という問題である。答えの選択肢には、「実をならすため」「大きい実をならすため」「味の良い実をならすため」「色のきれいな実をならすため」「できた実が落ちないようにするため」と並んでいる。

現在では、「人工授粉」は、果樹園の春の風物詩になっている。面倒な「人工授粉」をしなければならないことがわかったのは、十九世紀であった。アメリカで、セイヨウナシのある品種が二万三〇〇〇本も植えられた大果樹園がつくられた。花はいっぱい咲いたが、実がならなかった。不思議に思って、原因が調べられると、果樹園の一部分にだけ、実がなっているところがあった。そこには、一本だけ誤って、ほかの品種のセイヨウナシが植えられていたのだ。そこで、「同じ品種の花粉では実がならず、他の品種の花粉がつくと実がなるのではないか」と考えられた。さっそく、ほかの品種の花粉をメシベにつける試みがなされた。果樹園での「人工授粉」のはじまりであった、すると、実がなったのである。だから、冒頭の問題の正解は、「実をならすため」である。

ナシやリンゴなどの果樹では、「自分の花粉が自分のメシベについても、タネをつくらないし実りもしない」性質を持っている。ところが、同じ株だけではなく、同じ品種の花粉が自分のメシベについても、タネができないし実もならないのだ。これには、理由がある。

ナシやリンゴなどの優良品種は、タネで増やさず、もとのたった一本の木から、接ぎ木、接ぎ木で増やされる。接ぎ木で増やすと遺伝的な性質が同じである。だから、何本あっても、遺伝的な性質は一本と同じことであり、違う株であっても同じ品種なら遺伝的な性質が同じなのだ。だから、同じ品種の花粉が自分のメシベについても、「自分の花粉が自分のメシベについても、タネをつくらないし実りもしない」性質のために、タネはできないし実もならないのである。

それゆえ、ナシやリンゴなどの果樹園では、実をならすために、人工授粉をしなければならないのだ。

10　花に秘められた生殖の工夫

植物は自分の花粉を自分のメシベにつけてタネを残すことを望んでいない。そして、すでに紹介したように、そのためのしくみをいろいろと備えている。とすると、タネをつくるためには、花粉がオシベから別の株のメシベに移動しなければならない。植物は、この花粉の移動を風や虫に託している。「子孫（タネ）を残すという大切な行為をたよりない風や虫まかせにして、大丈夫なのか」と心配になる。植物たちもきっと不安なのだろう。その不安を打ち消すように、いろいろな工夫を凝らしている。

もっとも確かな方法は、花粉を多くつくることである。花の中のオシベとメシベの数を比べると、オシベの方が多い。多くの花でメシベは一本だが、オシベは複数ある。オシベが多いツバキやキンシバイ、ビョウヤナギなどでは、一つの花の中に、一〇〇本以上のオシベがある。「なぜ、オシベの方が多いのだろうか」と考えてほしい。花粉は、オシベにできる。だから、オシベが多いのは、花粉を多くつくるためである。

特に、風に託す場合、花粉が風でどこへ飛んでいくかわからない。だから、スギやヒノキなどはあたりの空気が白く曇るほど、多くの花粉をとばす。私たちは、こうして空気中に浮遊する花粉を吸い、花粉症となる。迷惑な話であるが、植物たちにとっては、子孫を残すための大切な工夫なのである。

虫に託す植物は、花の色、香り、甘い蜜を準備する。春、多くの花が咲く花壇では、いかにも仲良く花が咲いているように見える。しかし、仲がよいはずがない。虫が立ち寄ってくれれば、その花は子孫を残せるのである。だから、花々にとって、花の咲き乱れる花壇は、虫を誘い込む魅力を競い合う場である。子孫を残すための生存競争の舞台である。

花粉を多くつくっても虫を誘っても、同じ仲間の花が同じ時期に開いてなければ、花粉をメシベにつけられない。だから、同じ植物種の花は、打ち合わせたように、同じ季節に咲く。ナノハナやチューリップは春、キクやコスモスは秋と、花咲く季節を決めている。

しかし、季節だけをそろえても安心できない花々が多くいる。花が開いてから一日以内に萎れる寿命の短い花々である。それらの花々は、同じ時刻に、打ち合わせたように一斉にツボミを開く。アサガオの花は朝、ツキミソウの花は夕方、ゲッカビジンの花は夜十時というように、時刻を決めていっせいに開花する。

夏の夕暮れに白色や赤色や黄色の花を咲かせるオシロイバナは、「夕化粧」「メシタキバナ」という呼び名をもつが、英名を「フォーオクロック（四時）」、中国名を「スダジョン（四打鐘）」という。いずれも花の開く時刻にちなんでつけられた名である。この花は、日本でも、夕方四時から六時の間に、いっせいに開花する。

11 花時計のふしぎ

「花時計」というのがある。見に行くと、花壇の上を時計の針がまわっている。しかし、本来の花時計には、時計の針がまわる必要はない。時計盤上の花壇のそれぞれの時刻の位置にその時刻に花咲く植物を植え、どの場所の花が開いているかを見て、時刻を知る時計である。花時計は、多くの植物のツボミが花開く時刻が決まっている性質の象徴である。

ツボミが開く時刻は、季節、場所、天候により多少の違いはあるが、おおよそ決まっている。「何を合図に、ツボミは、同じ時刻に、打ち合わせたようにいっせいに花開くのか」という疑問が浮かぶ。

そのしくみの一つは、ツボミが時を刻むことである。生物時計とか、体内時計という言葉を聞かれたことがあるだろう。その時計で、時を刻むのだ。多くの植物のツボミは、夕方暗くなるのを合図に、時を刻みはじめ、何時間後に花開くと決めている。だから、暗くなる時刻を変えれば、開花時刻を容易に変えられる。たとえば、夜に開くゲッカビジンを昼に咲かせることができる。開花三日前の膨らんだツボミに、昼はダンボール箱をかぶせて暗くし、夜に照明をつければ、三日後の昼過ぎに開花する。

温度の変化に反応して、花が開いたり閉じたりするものがある。その代表は、チューリップの花である。この花は、温度が上がったら開き、温度が下がったら閉じる。だから、自然の中では、朝に開き、夕方に閉じる。また、人為的に、部屋の温度を変えたら、花が開いたり閉じたりする。

光の条件が変化すると、花が開いたり閉じたりする例として、何年か前の高校生物の教科書には、タンポポが紹介されていた。「タンポポの花は、朝、明るくなると開き、夕方、暗くなると閉じる」と書かれていた。たしかに、タンポポの花は、朝に開いて、夕方に閉じる。そして、夜の温度が高かった日は、朝、明るくなると開く。しかし、「朝、明るくなると開く」と決まっているわけではない。夜の温度が低かった日は、朝に明るくなっても、温度が上がらなければ開かない。したがって、「タンポポの花は、朝、明るくなると開く」というのは、正しくない。

また、「タンポポの花は、夕方、暗くなると閉じる」というのは、まったくの嘘である。夕方に閉じるが、明るくても夕方の時刻になると閉じる。夕方に閉じるのは、開いたあと約一〇時間たったら閉じると決まっているからである。開花して一〇時間後が、たまたま夕方であるだけである。電灯をつけっぱなした明るい部屋の中でも、開花して一〇時間が経過すれば、花は閉じる。だから、タンポポの花が夕方閉じるのは、決して、夕方が暗いからではない。

12　ツボミが花開くとき、ツボミの花びらの中で何がおこるか？

サツキツツジは、春にあざやかなピンク色の花をたくさん咲かせる。この植物のツボミが花開くとき、ツボミの花びらの中で何がおこるかを調べたことがある。

まず最初に、この花のツボミが開く時刻を知ろうとした。ところが、この植物の花は、一度開くと何日間か、開きっぱなしになるから、新しいツボミがいつ開いたのかはわかりにくい。開く時刻の決まっている多くの花は、「一日花」と呼ばれて、開いたあと一日以内で萎れる。朝に花を開くアサガオ、夕方に花を開くツキミソウなどである。そんな花には、一つも花が開いていないことが一目瞭然になる時刻がある。アサガオなら夕方であり、ツキミソウなら昼ごろである。

それらに対し、サツキツツジには、そんな時刻がない。だから、この花のツボミが開く時刻を知ろうと思えば、ひどいことをしなければならなかった。朝起きて、開いている花を全部むしり取った。そしたら、夕方まで開く花は一つもなかった。ツボミが開く時刻が決まっていて、朝から夕方までの間に、ツボミは開かないからである。夕方に、一つも開いた花がないことを確認しておいて、真夜中の十二時に起きてもう一度観察した。すると、多くの花が、開いていた。夕方から真夜中の十二時までの間に、花は開いたのである。

開花時刻を確かめるために、もう一回ひどいことをした。真夜中の十二時に、開いている花を全部むしりとって、朝まで待った。やっぱり、朝には開いた花は一つもなかった。夕方まで待っても、花は一つも開かなかった。ということは、真夜中の十二時から夕方までの間には、一つのツボミも開かず、夕方から真夜中の十二時までの間に、開くべきすべてのツボミが花開くということだ。そこで、夕方からじっと観察を続けた。すると、夜の七時から真夜中の十二時までの間に、その日に開くべきすべてのツボミが開いていく様子が確認できた。

では、ツボミが花開く夜の七時から真夜中の十二時までの間に、ツボミの中で、何がおこるのだろうか。サツキツツジのツボミは、花が開くときに重さが約一・五倍以上になる。ツボミや花の重さは、ほとんど、ツボミや花に含まれる水の重さである。だから、ツボミが花開くときに重さが約一・五倍になるということは、ツボミが花開くときに、ツボミの花びらが水をいっぱい吸収することを意味する。ツボミより花の方が見るからに大きいのは、花びらが水を吸って大きくなるからである。生け花でも、「ツボミが花開くときには、多めに水をやるように」と言われる。ツボミが開くときに、花びらの中に多くの水が吸われるからである。

サツキツツジのツボミが、なぜ、花開く夜の七時から真夜中の十二時までの間に、突然にたくさんの水を吸うのかを調べた。この時刻になると、花びらの中に水を吸うための物質がつくられることがわかった。それによって、水が吸収され、ツボミが花開いていくのだ。だから、ツボミが花開くとき、ツボミの花びらの中でおこるできごとは、水を吸収するための物質がつくられることである。

しかし、なぜ、夜の七時から真夜中の十二時までの間に、花びらの中に水を吸収するための物質が突然につくられるのかは、未だにわからない。

13　保険をかける花々

すでに紹介してきたように、花々は子孫（タネ）を残すための工夫をいろいろ凝らしている。しかし、心配性の花々もあり、それらは確実に子孫（タネ）を残すための最後の手段を準備している。オオイヌノフグリ、オシロイバナ、マツバボタンなどである。

これらの花は、一日花であり、開花後二四時間以内に萎れる。花が開いたとき、オシベとメシベはそっぽを向くように離れているが、萎れるときに、それまで離れていたオシベとメシベが寄り添い、合体するのだ。もし合体するときまでに受粉、受精がすんでいなかったら、これによって、タネができる。「自分と同じ性質のタネであっても、できないよりはまし」ということだろう。

「萎れるまでは、他の株の花からの花粉が虫によって届けられるのを待つ。しかし、萎れるまで待って、届かなければ、自分の花粉を自分のメシベにつけてタネをつくる」という保険をかけたような生殖のしくみである。たよりない風や虫に花粉の移動を託すというリスクを負う限り、種族の存続のためには、保険をかける慎重さが必要なのだろう。

植物の中には、はじめから、風や虫たちに花粉の移動を託すというリスクを負うことを望まないものもいる。イネ、エンドウ、アサガオなどである。これらは、自分のオシベの花粉を自分のメシベにつけて確実に結実する。自分と同じ性質のタネしかできないとわかっていても、風や虫に頼らずに確実に自分で子孫をつくる方を選ぶのだろう。

イネがこのような性質を持つことは、おコメを主食としている私たちには大切である。イネがタネ（おコメ）をつくるのに、風や虫に花粉の移動を託していれば、私たちは結実するかどうか（おコメが実るかどうか）、ハラハラドキドキしなければならない。しかし、花が咲けば自分で確実に結実してくれるから、こんな心配をしなくてよいのだ。

こういう花々も、他の株の花粉を受け入れることを拒否しているわけでもないし、その能力をなくしているわけでもない。だからこそ、私たち人間は、他の品種の花粉をつけて、イネやアサガオの品種の改良を行ってきている。また、エンドウでは、メンデルがいろいろな性質を持つ株の花粉をつけて結実させる交配実験を行い、有名な遺伝の法則が発見されている。

14　花色に込められた子孫への思い

健全な子孫を残すための工夫は、花の色にも込められている。花はなぜきれいな色をしているのかと問えば、「花粉を運んでもらう虫を誘うため」との答えが返ってくる。しかし、花の色がきれいなのは、虫を誘うためだけだろうか。実は、それだけではなく、花のきれいな色には、もっと大切な意味があるのだ。

太陽の光が強い日に外出するとき、私たちは、サングラスをかけたり、日傘をさしたり、帽子をかぶったりする。太陽の光に含まれる紫外線を避けるためである。紫外線は、日焼けをおこし、肌を老化させ、シミやシワのもとになる。ひどい場合には、白内障、皮膚ガンの原因にもなる。なぜ、紫外線は、こんなに害があるのだろうか。

「活性酸素」という語をご存知だろうか。「活性酸素」という語は、響きの良い言葉である。だから、活性酸素は「からだを活性化する酸素」あるいは「普通の酸素より何倍も元気になる酸素」のようなイメージが浮かぶ。ところが、雑誌やテレビなどに「活性酸素が、死を招く」「活性酸素は、老化を進める」などの見出しで取り上げられる。活性酸素は、きわめて有毒な物質である。これらの見出しは、少しオーバーかも知れない。しかし、活性酸素が老化やガン、白内障に深くかかわっていることは、最近の研究で明らかになっている。紫外線が恐ろしいのは、眼や皮膚に当たると活性酸素を発生させることである。だから、私たちは、活性酸素を発生させる紫外線を恐れるのだ。

ところが、強い太陽の光の中で、紫外線に当たっても、花々は日焼けをしない。それどころか、紫外線が当たれば当たるほど、花々はますますきれいなあざやかな色になる。アサガオやペチュニアなどの赤色の花々や、パンジーやリンドウなどの青色の花々には、主にアントシアニンという色素が含まれる。黄色がかったキクやタンポポ、マリーゴールドなどの花々には、主にカロチンという色素が含まれる。アントシアニンとカロチンは、花々の色を出す二大色素である。これらの色素は、活性酸素を消去する物質なのである。だから、紫外線が当たれば当たるほど、活性酸素の害を消すために、花々はこの色素を多くつくるのだ。その結果、花々はきれいであざやかな色になる。

高山植物の花は、きれいであざやかな色をしているものが多い。空気が澄んだ高い山の上には、紫外線が強く照りつけるからである。また、露地栽培したカーネーションと温室栽培したカーネーションを比べると、露地栽培のカーネーションの花の色はずっとあざやかである。太陽の強い日差しを直接受けるからである。

都会のビルの植え込みに、サツキツツジが植えられていることがある。ある春の日、きれいなサツキツツジが咲いている植え込みの一画に、ひどく色のさえないサツキツツジの花々が咲いていた。「病気なのか」と一瞬思ったが、まわりのビルの配置からその原因は容易に想像がついた。その一画には、どう考えても、太陽の光が直接当たらないのだ。完全な日陰になっているわけではないので、季節により適当に光は当たるのだろう。だから、サツキツツジは成長しているのだろうが、春の花の咲く頃、太陽の光が直接当たらないのだ。花の色がきれいであざやかになるためには、太陽の光が当たることが必要であることを如実に示す光景であった。

15 「もってのほか」

花は生殖器である。だから、紫外線が当たると発生する活性酸素を消去する色素を花びらの中に持つのは、花の中で健全な子孫（タネ）を生み出すためである。子孫を生み出した後、これらの花の色は、果実の色となる。アントシアニンは、リンゴの皮、ナスの皮、ブドウの色などの成分であり、カロチンは、カキやカボチャなどの黄色の成分である。これらは、実の中のタネを紫外線から守るのだ。

私たち人間も、活性酸素に悩んでいる。紫外線に当たる場合もあるし、呼吸をすることで体内に活性酸素が発生する。だから、活性酸素を消去する色素を持つ野菜や果物を食べると健康に良い。植物たちは、子孫（タネ）をつくり終われば、活性酸素をいっぱいもった果実となり、「おいしくなっているよ」と私たち人間や動物に知らせてくれる。これらの果実に含まれる色素は、活性酸素に悩む私たち人間や動物に、植物たちがプレゼントしてくれるものである。

しかし、私たち人間は、「色素を持つ野菜や果物が健康に良いのなら、同じ色素を持つ花びらを食べても、健康に良いはずだ」と考え、食べようとする。たしかに、花びらの成分は、野菜や果実に含まれる活性酸素を消去する物質である。だから、食べれば健康に良いだろう。しかし、花々には子孫（タネ）をつくる大仕事があり、人間を含めて動物に食べられてしまっては、子孫を残せず種族が存続できない。だから、花びらが動物に食べられることに抵抗する。花びらは、苦味のある成分をつくり、わざとまずい味になっている。

でも、私たち人間は品種改良をしてでも、花々を食べようとする。たとえば、食用のキクの花が売られている。色のきれいなおいしい花びらをつくるように品種改良されている。有名なのは、「もってのほか」という名のキクの花である。

「なぜ、そんな名前か」と思われるだろう。三つの説がある。「皇室の御紋のキクを食べるなんて、『もってのほか』である」とか、「嫁に食べさせるのは『もってのほか』である」とか、「『もってのほか』おいしい」とか言われる。しかし、どれが正しいかはわからない。

私は、ここまで、花々が懸命に生き、子孫を残す真摯な営みを紹介してきた。だから、そんな花々を食べようと思ってほしくないし、品種改良をしてまで花々を食べることなど必要もないしとんでもないと思う。それゆえ、「もってのほか」の名の由来は、「一生懸命生きている花々を食べるなどは『もってのほか』である」と信じている。

花がこころを開く

――環境療法（Milieu Therapy）と園芸療法（Plants Assisted Therapy）

浅野房世

1 はじめに

園芸療法（Horticultural Therapy）という言葉が、日本において正式に紹介されたのは、一九九〇年である。この言葉は、治療現場ではなく園芸関係である生産者・小売業、あるいは造園関係者などから、注目をあびることとなった。しかしヨーロッパでは、「園芸療法」という名称こそ使われなかったものの、古くは十五世紀より園芸を患者の治療に活用する方法は存在した。

本稿では、患者を取り巻く空間の質に視点をおき、環境を療法的活用とする環境療法（Milieu Therapy）を論じ、とくにその環境の中に植物を介在させることによって可能となる園芸療法（Plants Assisted Therapy）(1)を、一つの事例を通して考察し、人の心に植物がどのように関与するか考えてみたい（注：特に指定のない場合は、以下の園芸療法は全てこの意味）。

2　ミリューセラピー（Milieu Therapy）

Milieu——環境とは

ミリューはフランス語で、間、中間、中庸、環境（社会的）という意味をもつ言葉である。環境（Environment）が、地球環境や自然環境など外部空間そのものをしめすことにたいし、ミリューは人間を中心として、取り巻かれる環境という外部空間を指すといえよう。この環境を治療の積極的媒体として位置づける療法に環境療法がある。

環境療法（Milieu Therapy）は、「環境の諸条件を改善し、あるいは環境からの働きかけを行うことにより患者の精神症状の改善、とくにその社会性の増進をはかり、社会復帰の促進をはかる精神科治療の領域を環境療法という。環境療法は、生活指導とレクリエーション、作業療法、リハビリテーションなどに分類できる」（現代臨床精神医学、二〇〇三）と説明される。この説明からも、Environment というより Social-Attribution（社会的属性）の整備の視点が強いことが窺われる。

環境療法の具現化としては、一九五〇年に英国の精神科医 Jones, M.が「治療共同体」Therapeutic Community という概念を打ち出した。これは医師、看護師、患者のヒエラルキーを除去し、話し合いによる共同決定の治療チームを作り、家庭的で温かな雰囲気の中で治療にあたるものである。これらの行為が、医療空間で行われる場合を治療共同体とし、医療施設以外の空間で実施される場合を社会療法（Social Therapy）と呼んだ。

環境療法の本質は、「生活学習」Living-learning situation にあるとされるが（二〇〇三、國分）、むしろ環境療法のポイントは、目的とする治療ゴールに患者が向かうために、自己洞察や自己受容の発展を助ける非指示的カウンセリングの環境をいかに整えるかにあると考えられる。したがって、精神科領域のみならず、治療の場に広く求められるものである。

たとえば、上田（二〇〇三）は、「内発的リハビリテーション」という言葉に置き換え、リハビリテーション現場における患者の自主性の発揮できる環境の整備の重要性を説いているが、これも同義であるといえる。

環境療法の「場」の整備

前述のように環境療法は生活指導、作業、リクレーション、リハビリテーションという場面で実施されるが、療法に必要とされる「場」について考えてみたい。

以下に示した図（図1）は、環境療法の概念図である。

患者を取り囲む、非指示的サポートをおこなう人間（Supportive People）と、その手段（Adaptive Tool）、また空間（Space）である。これらの組み合わせによって繰り広げられる事象が、治療行為として位置づけられると考える。

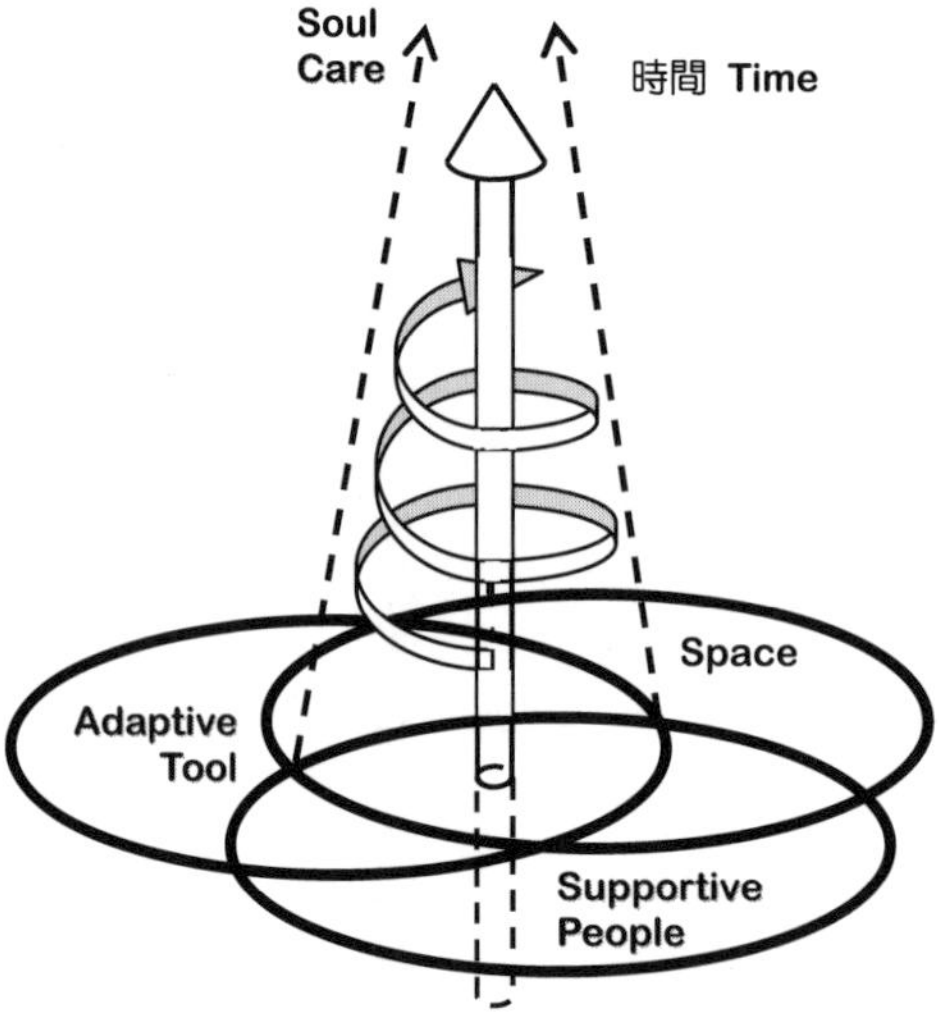

図１　Milieu Therapy

では環境療法の「場」は、どのような視点で構成されるだろうか。

患者を取り巻く環境は大きく四つに分類される（二〇〇二、吉川ら）。一つは「文化的環境」である。民俗や人種において異なる生活におけるしきたりなどである。また「制度的環境」もある。経済的要素や法律的要素、あるいは政治的要素も環境の一つと見なさなければならない。あるいは「社会的環境」も存在する。取り巻く人間の関係性は社会的環境と位置づけられる。

最後が「物理的環境」である。物理的空間とは、その空間を治療に活用しやすいことを意味するが、それは単に「近づきやすい」Accessibleであるとか、「使いやすい」Usableことを意味しているのではない。むしろ治療空間として、患者がいかに心を開きやすいか、治療行為を自然に受け入れられるかにおいて論ずべきものである。特に植物を介在させることによって進める環境療法の場について、以下に順を追って論じたい。

3　自然による癒し

癒しということば

癒しという言葉を、頻繁に耳にするようになり、昨今は「癒しブーム」といわれている。しかし一九九〇年までは、書籍名に「癒し」という言葉を使ったものは、立川らのまとめた「癒しのトポス」という書籍の他は、わずかに出版されているにすぎない。しかし九〇年代になると増加し続け、一九九九年には流行語大賞に選ばれるまでの日常的な言葉に変化した。「癒す」という言葉は、本来は医学や宗教の中で使われてきたが、一般的に使用されるようになったのは、阪神淡路大震災（一九九五年）以降のことである。

癒し（Healing）の語源は、Whole（全体）と同じでありHealthとも共通性を持つものである。「癒し」とは、人間が生まれながらに、持っている〝生きてゆく力〟が、何らかの外圧によって、歪みを生じたときに、それを元に戻すプロセスであるといえる。

人は植物から癒されるか

ヒーリングミュージック、ヒーリングアートなど、様々な癒しの手法が解説されているが、ここでは癒しが、植物から得られるか、また得られるとしたら、それは何故かについて考えてみたい。

約一〇〇〇人の二十代から高齢者まで、さまざまな年代層の人を対象に「想起される癒しの空間」についての調査を行ってみた。

調査は、「あなたに嫌なことがあったときに、その嫌なことが少しでも解消される（癒される）と思う空間がありますか」「そのような空間が思い浮かぶ人は、その空間がどのような要素で構成されていますか」という二段階の読み上げ質問を実施する。回答用紙としては、A４の紙を一枚渡すものである。

結果は若者から高齢者まで約九〇％の人が、「癒しの空間」を想起できると答え、その空間構成要素の八八％が、花・樹木・草・森・水・川・空・海などの自然要素を記述した。この回答には年代による顕著な違いは見いだせない（若者―八四％、中年―九三％、高齢者―八七％）。この回答から、人が癒しの空間として想起出来る風景は、植物の生息可能な区域であるといえる。

なぜ植物による癒しなのか

地球の誕生は四六億年前だと推定されている。そののち三八億年前頃に生命が海の中で芽生えた。ここで芽生えた生命は、遺伝情報を子孫に伝える性質を持っていた。生命の遺伝情報を伝達するものはＤＮＡである。このＤＮＡにインプリンティングされながら、たった一つの生命の始まりから、命の形質は連綿とつらなり、ヒトにも受け継がれてきた。私たちの細胞のなかは、生命が地球に誕生した場所にあった海水とよく似た成分の水で満たされているのも、この表出といえる。

さて、ヒトのＤＮＡに最も近いサルは六五〇〇万年前から地球に存在したと考えられる。ヒトという種が地上に現れたのは、五〇〇万年前である。霊長類研究者である河合雅雄氏はヒトの進化はサルからであると述べる。特に樹上空間で生活ができた哺乳類は、サルだけであり、その生活空間はしっかりとした緑に囲まれて、他の動

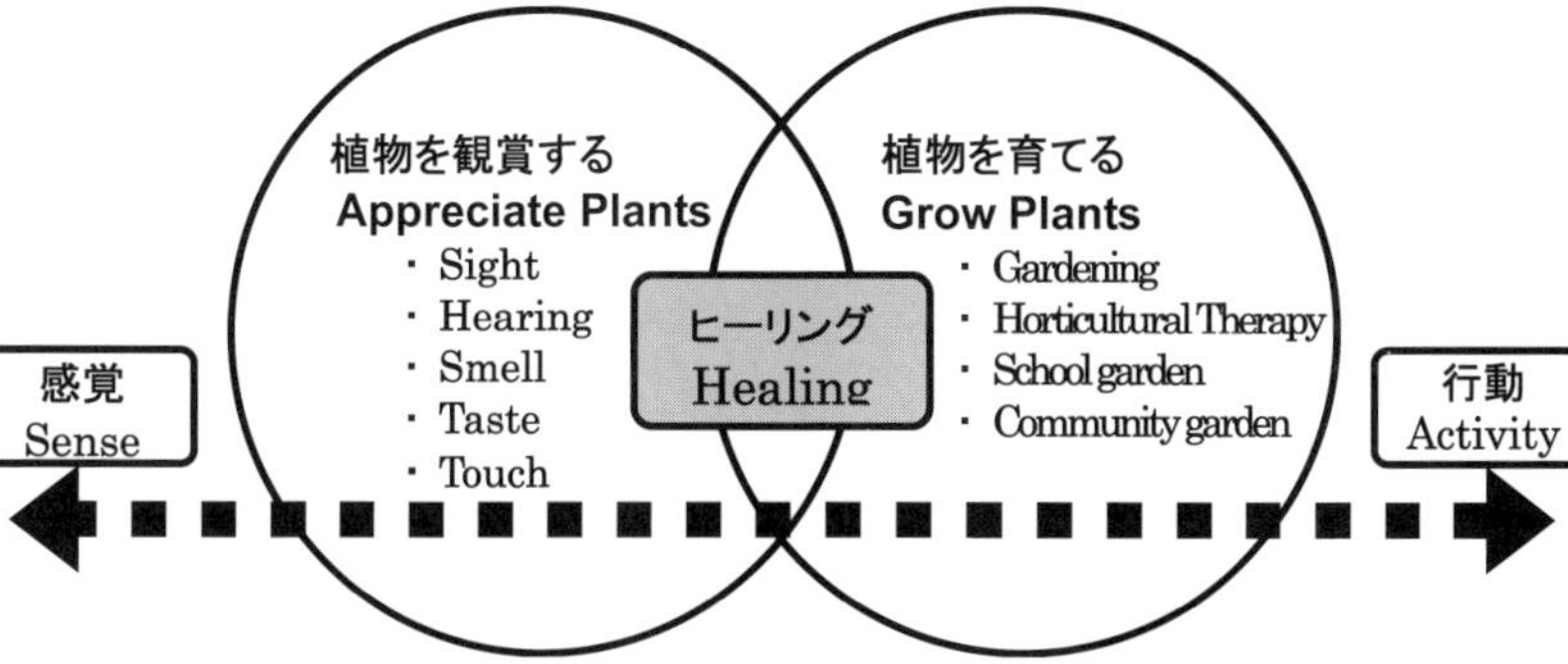

図2

物から安全に守られた空間を樹上に確保していた。だから、人は緑に囲まれるとホッとすると説く。一方、ヒトは個体による識別によって社会生活を営んできた。ホモ・サピエンスに属するネアンデルタール人では、一〇万年前にすでに死を癒すという行為が行われ、そこに花が介在していた(Sharonp, 1998)。ヒトはサルから進化し、それゆえに緑を恋い、それを癒しの手段としても活用していたと、いえる。

植物の存在による癒し

前述の調査で、植物が存在することによって、癒されると感じる人が多いことを述べた。植物のある風景の中に身をおく、もしくはそれを眺めることによって癒されると述べた者が圧倒的に多かった。これは、人が植物を眺めるという視覚的行為や、香りを嗅ぐなどの嗅覚を介して、感覚器官の統合と体験の合体によって、包み込む空間をイメージし、「癒される」と、判断したといえだろう。

一方八八%のうちの七%は、植物を眺めるという行為ではなく、「植物を育てる」ことによって、癒されると述べた。すなわち植物の生育に積極的に関わる動作体験を通して癒されるというグループである。人間には、物を得るという「狩る」本能と、「育てる」という二種の本能を持つ(二〇〇三、松尾)というが、植物のある環境を活用し、人は、眺めることによって、五感への刺激を受け癒される場合と、耕し植える一連の作業を体験することによって癒される二面があるといえる。

前頁の図（図2）は、植物を介在させた癒しを二種類に分けたものである。人は、意識下、無意識下において、能動的もしくは受動的に植物の存在から癒しを得ている。このような形で、植物からの癒しを得ることができる対象者は、自らの力によって癒しを得、ストレスからの解放を図ることのできる者と想定される（図3）。

ガーデニングは、ストレスを発散させ、生活のリズムを取りもどすために有効であるといわれることは、これ故であろう。またガーデニングのみならず、「眺める」行為の代表とされる、「花見」や「紅葉狩り」など、森や樹林あるいは里山空間などの、植物の豊かに生育する空間での散策も、ストレス解消に有効であり、森林の新たなる活用として注目されるところである。

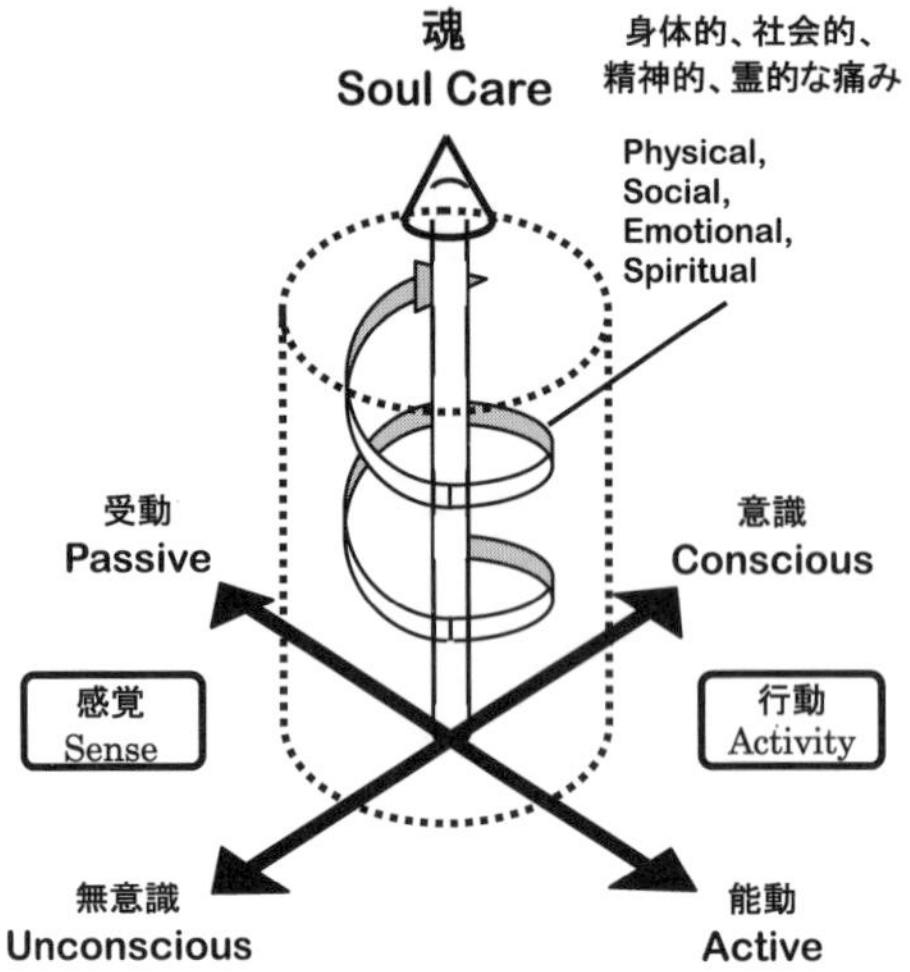

図3

これらは、人の自発的な行為であり、セラピストが介在する療法ではない。では植物を介在させるためのゴールを明確にして、セラピストが関与する園芸療法について論じてゆきたい。

4　園芸療法（Plants Assisted Therapy）

園芸療法とは

園芸療法は、患者・治療の目的・植物によって構成される環境療法（Milieu Therapy）の一つである。この場合の治療構造は、以下の概念図となる。（図4）

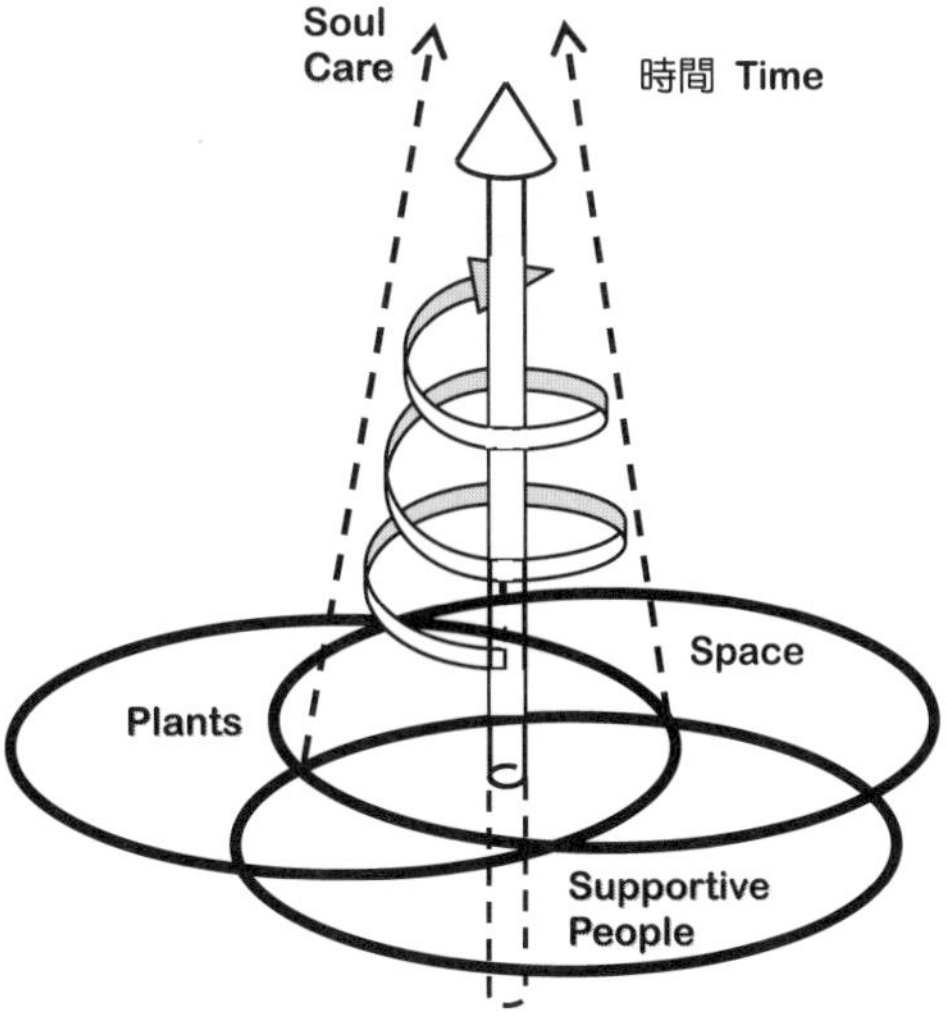

図4　Plants Assisted Thearpy

植物を介在させる環境療法の空間とは、自然の癒しを感じることの出来るヒーリング・スペースである。

サポーティブな人間とは、園芸療法士を指す。またツールとは植物という構図となる。

園芸療法が精神障害への治療として取り入れられ始めたのは十五世紀のスペインやベルギーである。その後、十九世紀には体系化が始まり、イタリア・ドイツ・フランスで実施された。特にドイツではヤコビ医師（Dr. Maximilian Jacobi）によりガーデンワークという名称のもとで精神障害の治療法としてとりいれられた。十九世紀末には「精神病院の農作《アグリカルチャー》コロニー Agricultural colonies for the insane」という書籍も出版されるに至った。その後、アメリカでは第一次、第二次世界大戦の傷痍軍人のリハビリテーションに園芸療法を取り入れ始め、とくにベトナム戦争以降のアメリカは、ヨーロッパを凌ぎ、教育の分野でも園芸療法の充実を図り始めた。

「感じる緑」から「関わる緑」の一連の癒し

園芸療法（Plants Assisted Therapy）は、植物を介在させる環境療法であると論じてきた。他にも多くある精神療法との違いは、「植物の命」を介在させるという点にある。植物の時間に合わせ、その命を用い、患者のいのちに、非指示的に関与することによって、患者の生きられる時間と空間を確立させてゆくことが園芸療法の中心概念である。

命を介在させるという視点では、動物介在療法（Animal Assisted Therapy）も近似ではある。しかし植物だからこそ「命の循環」や「生と死」について、侵襲少なく患者に関与することができる。園芸（Horticulture）という言葉を使うために、園芸療法は患者に庭仕事や農耕を強いると想像されがちであるが、これは否である。むろん最終的には、身体を動かし、植物の生育に関わる行為にまで繋いでゆくことが多い。しかしそれが目的ではない。植物を介在させる利点は、時間によって植物が変化することである。日本には二十四節気があり五感を研ぎ澄ますことで、その季節変化を体感できる。たとえ四季に変化がないといわれる地域でも、ミリ単位で成長する植物の中に季節の変化はある。この変化を患者が感じることが、すでに園芸療法の始まりである。五感をひらいて自然を感じるために、患者が自発的に窓辺に近づくための舞台づくり、言い換えれば「仕掛け」から園芸療法は始まっていると認識するべきである。

高江洲（二〇〇三）は芸術療法の解説書の中で「表現以前の主体の『潜在的存在』への着目段階がある。未だ志向性の発露をみない主体は、何かを志向する（欲求、欲望、欲動）ことを持たない存在と定義できる」として、自己の欲求表現を待つ状態を「表現準備状態」と位置づけた。患者は「表現準備状態」から、セラピストの関与によって、関係性の中で表現する主体へと誘われ、「間合い（空間、時間、力動の統合）による表現」をへて、「象徴的表現による理解と共感」によって患者の自我が強化され、やがて「表現可能な自己同一性」によって、社会的関係性の確立をたどるという。

園芸療法は、これら一連の患者への関与を、植物を眺め、感じ、育て、刈り取り、などを通して、患者が表現することを可能とさせるのである。

環境療法における植物の存在とその活用を、園芸療法と位置づけて論じてきた。次に、二つの症例を取り上げ、具体的な事例から考えていきたい。

六歳の症例Aちゃん

両親が離婚し、父方に引き取られる。父親が再婚し、継母によって身体的虐待を受ける。また継母の親戚によって性的虐待も受ける。その後、〝階段から転げ落ちた〟として急性硬膜血腫除去手術を受けるために入院。予後は後遺症により車いす歩行となり、リハビリテーションを受ける。

筆者らは、この時期にR病院から患児への園芸療法の相談を受けた。

歩行訓練は毎日実施されており、筆者らに課せられたことは、PTSDの軽減であった。

Aは、不安と恐怖心から、六歳の子どもには不似合いな、丁寧な物言いをした。その反面、感情のコントロールが出来ず、攻撃的な部分がしばしば見られた。セッションは九ヶ月にわたり、週に一回、合計二七回実施した。

セッションはそれぞれが持つ意味から、四タームに分けられる。

① 患児を理解し、その怒りや恐怖を知り、自己表現の手がかりを探る「導入」期（Aにとっての表現準備状態）。

② 植物を介在させたコラージュなど共同作業によって、患児の苦しさや悲しさに、セラピストも共に向き合う「対面」期（力動的変化への誘い）。

③ 植物を育てることによって体験する植物の命を通した共感の「ラポール」期（表現可能状態の保証）。

④ 一連の行為を通してもたらされる他者や社会との関係性を形成する「シェアリング」期（理解と共感）。

導入期では、セラピストを試す行為が、頻繁に見られた。土で汚れることを異常に怖がる反面、土を異食する行為も見られた。対面期の中心となった植物を使ったコラージュでは、木に対して〝かわいそう〟〝寂しそう〟などの悲哀の感情表現が現れた。

園芸療法をスタートして、すでに四ヶ月近い時間が経過していた。室内で小さな植物を育て始めたAは、セラピストとともに植物の生長をながめることによって、同じ視点を共有し、ラポールの感情が生まれた。最後のタームは、開始から半年が過ぎ、屋外で大きな球根植物を育てた時期である。セラピストはじめ、アシスタントなどの援助を得ながら、Aは車いすから畑を耕し、純白の大輪アマリリスを植えた。アマリリスの開花に気づいたとき、Aは思わず車いすから立ち上がり〝きれい。私のお花をみて〟と感動の声をセラピストらに投げかけた。

Aは九ヶ月の間に、コラージュも含め二五枚の絵画を残した。園芸療法スタート時点のAの自画像は画用紙の角に、小さく鉛筆で描かれたものであり、体軀はなく、目も瞳がない、空虚な表情の「私」が描かれていた。しかし第三ターム頃から、Aの自画像の横には他者が描かれ、空には太陽や雲が現れ、大地には、チューリップや草、そして家も現れた。Aの問題行動をはじめとする一連のPTSDの諸症状は、園芸療法の進展に沿って緩和されたと評価されるが、その軌跡はAの絵画にも描出されているといえる。

症例M

症例は、四十代女性。診断名はPTSD。合わせて糖尿病および糖尿病性網膜症がある。二人姉妹の次女として出生。母親は嫁姑問題から、姉妹に頻繁に激しい暴力をふるった。症例は小・中・高校時期、学内でのいじめの対象でもあった。高校時代から感情が不安定になると自傷行為がみられた。高校卒業後は、対人関係の問題から職を転々と替わる。この頃から過食傾向に歯止めが利かず、また感情のコントロールも利かず、多量の買い物によって自己破産に至った。

二〇〇三年十一月に症例の目の前で、母親が突然死。これによって錯乱状態、過呼吸による失神を繰り返す。

糖尿病のコントロールもできず、二〇〇四年春よりT病院へ六ヶ月入院。一旦退院するが、恐怖心、不安感、被害念慮などが顕著となり、十一月より再入院。

Mへの園芸療法は、四～七月の四ヶ月間実施された。前半二ヶ月は週二回、後半二ヶ月は効果が確認され、週一回とした。Mの園芸療法も前症例と同様に、四タームに分けることが出来る。

① Mの内在する表現発露を誘導する。
② 関与によって、静止的状態にあるMを力動的状態へ転換させる。
③ 表現可能状態を保証する。
④ 理解と共感状況をへて自己同一性の方向性の確認。

Mの状態変化の様子は以下の通りである。

①表現準備状態

初期面接では「母親を思い出すから、花は嫌い」と否定。一方「園芸療法は、個人でするのか、グループでするのか」と問い、個人セッションであることがわかると安心する。初期面接用に用意した一二枚の風景写真に対して、一枚一枚コメントを呈し、通常一五分程度の風景の解説は二〇分以上となり、面接は四〇分に及んだ。面接終了時「たのしかった」という。

Mはサクラの咲いた雨の日に、筆者を暗い廊下で呼び止め、「私は、このサクラを使って、何かしたいんです」と、サクラを描きたい意志を告げる。否定しながら肯定する、Mの表現準備状態である。

②力動的変化への転換

セラピストと庭を歩く「センサリーツアー」。

見える草花や聞こえる音を互いに確認しながら、自然を感じ、草花を摘む（写真1）。セラピストがゆるやかに関与しながら表現したMの最初の作品は、サクラの花びらを絞った汁で描いた「サクラ」（写真2）。

これよりMは、庭を散策し、気に入った植物を採取し、その草汁もしくは花びらの汁を絵具として、絵を描くことに志向してゆく。毎回セッションの最後は、その作品のイメージに合わせて、一二枚の色用紙から台紙を選び、最後に落款した。

③表現可能状態の保証

セッションの回数を重ねるごとにMは自分の話をするようになった。絵を描くことによって、心が晴れればれすること。絵を描きためて、いつか展覧会を開きたいこと。母親の育てていた植物を、今度は自分が、絵の材料として利用できることなど。

安定したセッションが出来るようになったことから、セラピストはMに朝顔の種を播き、育てることを提案した。その理由は、〝開花した花汁を絵具に使うため〟と、説明した。Mに失敗させないために、朝顔の生育不良も想定し、ベゴニアの小さな苗も植えた。この時からMは、植物を描くことと、育てることの二種類の象徴的表現手法を実施することとなった。

この時期、Mは担当医が移籍することを知らされるが、その不安感を淡々と「あやめ」と「とり」で表現する。（写真3と4）

写真1　表現準備段階

④理解と共感状況

Mは、担当医が移籍するという不安感を持ちつつ、時には同室

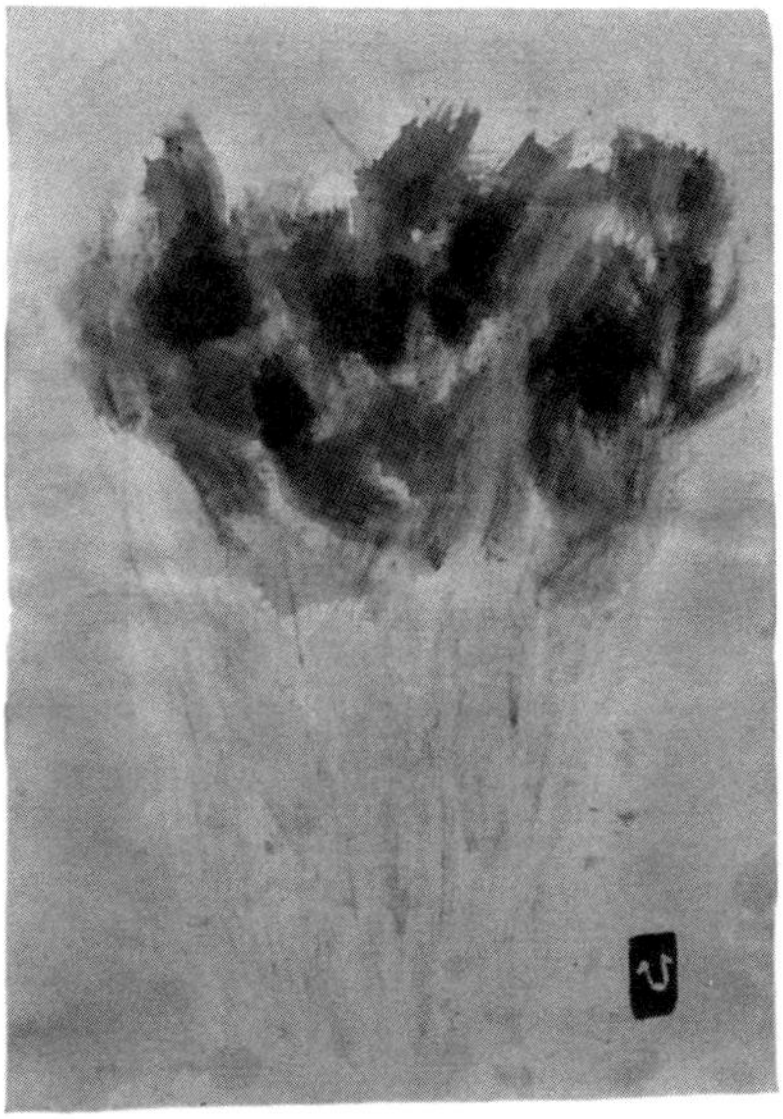

写真3　あやめ

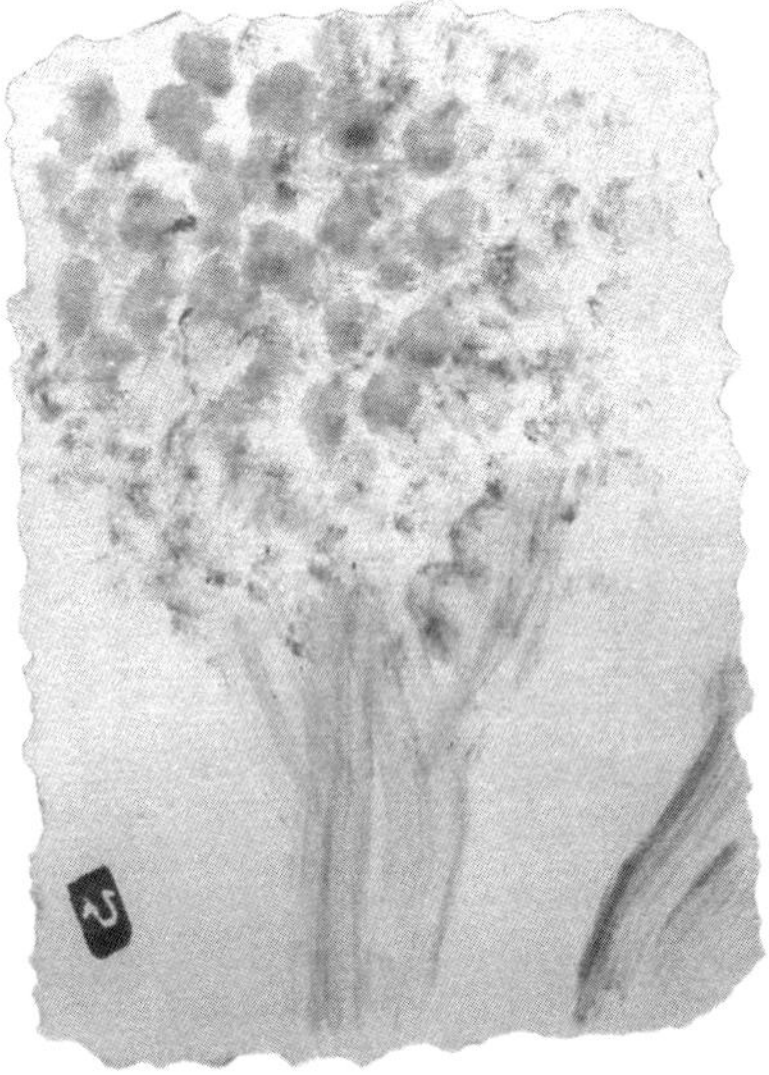

写真2　サクラ

写真4　とり

写真5　朝顔

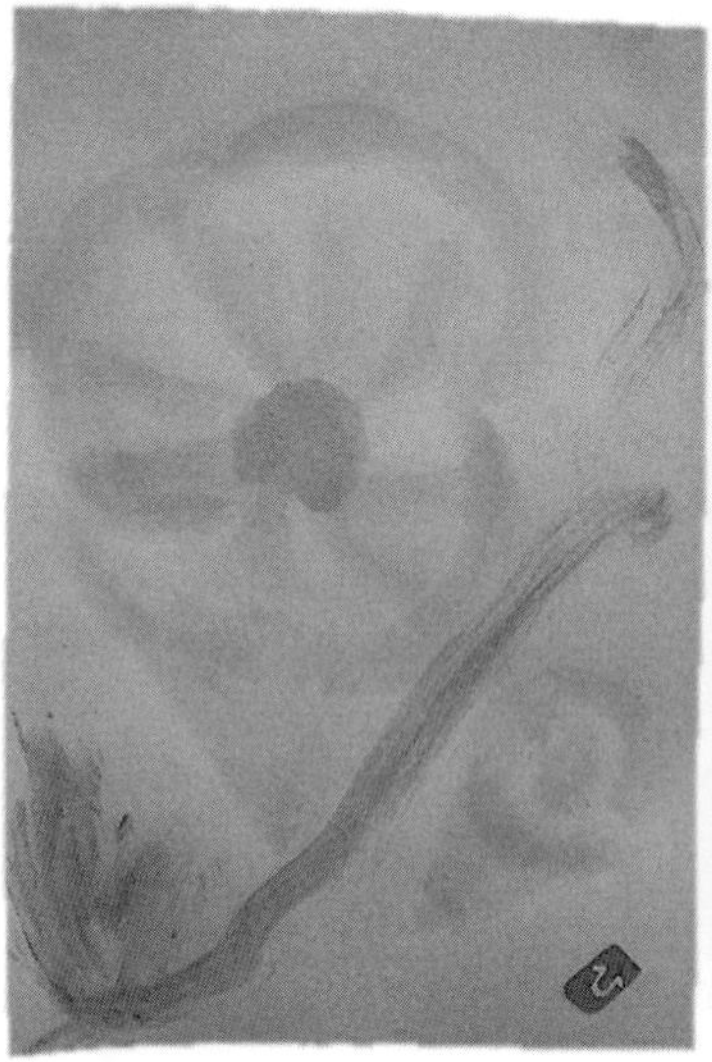

写真6　朝顔の汁で描いた朝顔の花

の患者を誘い、朝顔とベゴニアの水やりを日課とした。ケアされていたMは、ケアしなければならない対象として、小さな植物を眺め始めた。

やがて朝顔が咲き（写真5）、ベゴニアが多くの花を付けた。Mは朝顔の汁を搾り、朝顔の絵を描いた（写真6）。ベゴニアは煮汁をとって和紙を染め（写真7と8）、台紙とした。Mは素材すべてが「自然」であることにこだわり、煮出すための水も雨水を使った（写真9）。

④自己の回復

セッションの最終日には、一八枚の作品を壁に貼り、展覧会を行った（写真10）。Mは、同室の患者を展覧会に招いた。Mは展覧会で、他患にそれぞれの絵を描いたときの気持ちを説明し始めた。

担当医の手のひらで包み込まれたい願いを、「あやめ」で表現し、担当医のもとに飛んでいきたい感情を「とり」で表現したことを、このとき初めて、言語化した。

園芸療法の関与の経過は以下のようになった。

「患者の表現準備状態」→「表現手段の可能性の列挙」→「患者の表現手法の選択」→「表現」→「植物を

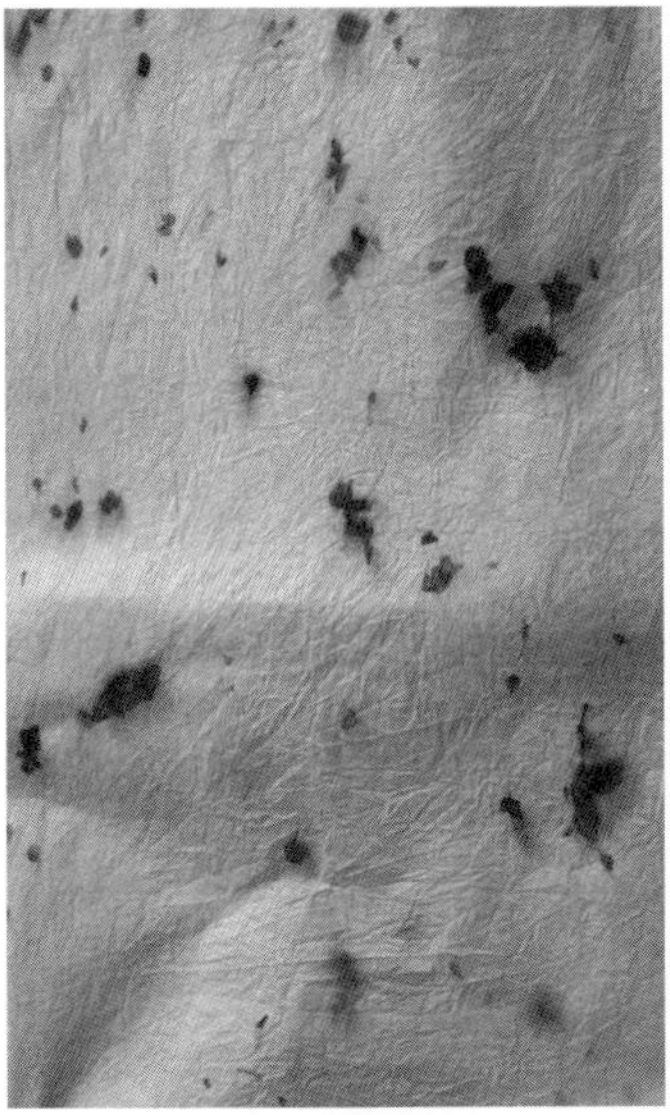

写真８　台紙の染付

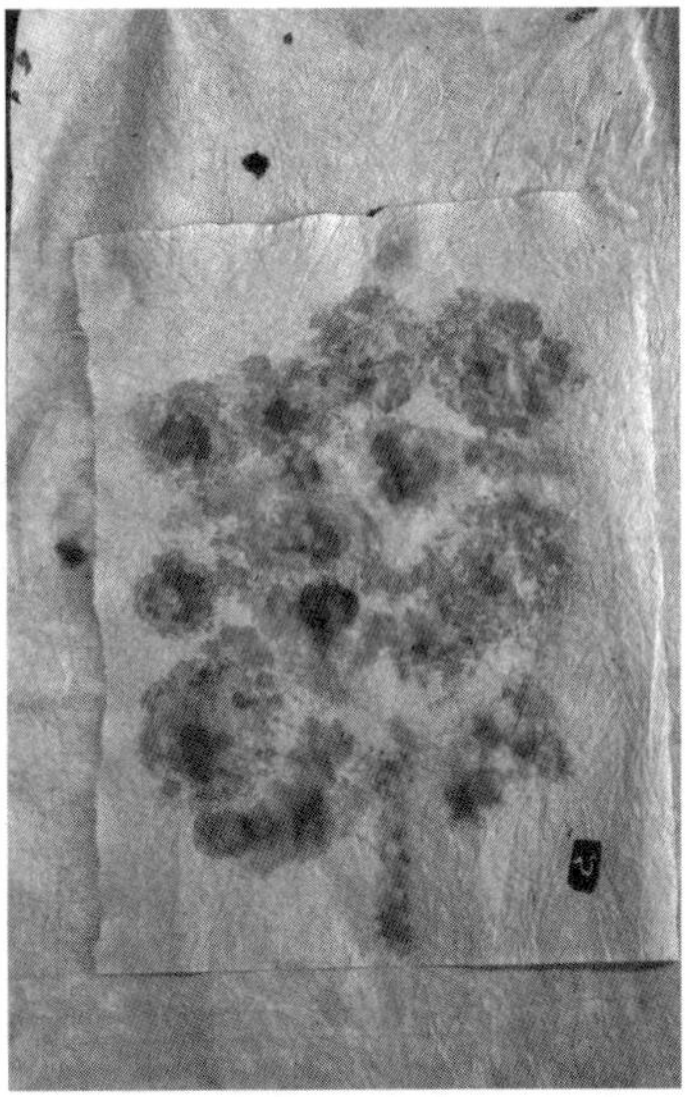

写真７　ベゴニア

写真９　雨水での煮出し

写真10　展覧会

育てる行為」→「新たな表現手法」→「言語化」→「自己同一性形成を目指す」

Mは、花の好きだった母親との関係性を、植物を介在させながら、客観的に見つめ、象徴としての自己表現を行い、「今の自分」から、「目指したい自己像」をイメージし、生きられる時間と空間を見出し得たと、考えられる。

5　まとめ

環境療法としての園芸療法は、患者の心と体が、生の方向に向き直るための手段の一つである。セラピストは、植物のいのちに共鳴させるために、患者のレセプターを磨き直し、チューニング作業を行い、生きられる時間と空間を、患者自身が獲得するためのサポートを行うのである。

セラピストの仕事は、非指示的でありながら、生への援助（Motivative-Support for Living）を行うことであると言い換えられる。この視点からいうと、リハビリテーション分野での、急性期における障害受容の役割や、ホスピスケアにおける、残された生きられる時間と空間の意味を問い直す視点での、園芸療法の意味も大きい。

終りのないセラピーが存在しないように、植物を介して、患者の自己同一性形成の方向が確認できたときが、セッションの終了時期である。園芸療法士が退却した後の、「患者と植物のある風景」を常にイメージし、患者と植物、そしてセラピストの距離をいつも確認していなければならない。セラピストが存在した位置に、いつしか植物が育ち、あたかも、そこには〝何ごともなかった〟かのような、退却の仕方が、園芸療法士には可能である。

園芸療法が、どのように有効であるかは、今後の臨床と考察に期待するところである。しかし筆者の前述のアンケート調査によると、八八％以上の人が、植物生息可能区域において、癒されると述べている。人間のＤＮＡにインプリンティングされている「植物と人の共生」は人間の生きてゆく本能である。それゆえ、この関係を環境療法として活用することは、多くの患者へ適応可能手法であり、かつ侵襲の少ない療法、ということができる。

ヘッセは、「山や川、木や葉、根や花など、自然のあらゆる形成物は私たちの内部にあらかじめ形成されて存在し、私たちの魂に由来する」（一九九七）と述べている。植物を介在させる環境療法としての園芸療法は、まさしくこの視点にあると考える。

稿を終えるにあたり、御指導いただいた日本芸術療法学会理事、高江洲義英先生はじめ諸先生方に心より感謝致します。

参考

大熊輝雄、二〇〇三「現代臨床精神医学」金原出版、東京。

國分久子ら、二〇〇三「心理臨床大辞典」培風館、東京。

上田敏・鶴見和子、二〇〇三「患者学のすすめ」藤原書店、東京。

カナダ作業療法士協会、二〇〇二「作業療法の視点」大学教育出版、東京。

高江洲義英、二〇〇三「芸術療法」岩崎学術出版、東京。

ヘッセ、一九九七「庭仕事の愉しみ」草思社、東京。

Sharonp. Simson, PhD 1997 *Horticulture as Therapy: Principles & Practice*. The Food Products Press. NY.

第三部　重畳する「花」

舛次崇と植木鉢の花——アウトサイダー・アートに花を探す

服部 正

アウトサイダー・アートの表現のなかから花を探す私にとって、不都合な情報がある。アメリカの脳神経科医オリヴァー・サックスによる医学エッセイ『火星の人類学者』で紹介されている高機能自閉症の女性テンプル・グランディンは、「小川や花を見て、あなたは大きな喜びを感じている。でも、わたしにはそれが与えられていない」[1]という。咲き乱れる草花のような、人々が感嘆する自然の景観の美しさがまったくわからないというのだ。世界的なベストセラーとなった自伝『自閉症だったわたしへ』の著者ドナ・ウィリアムズにも似たような話がある。彼女は、「色つきのホイルやガラスや、ボタンやリボンやスパンコール」など、「きれいな色の物や光る物」には強い愛着や美を感じるらしい[2]。自閉症の人が花に美を感じないというのであれば、アウトサイダー・アートと花をめぐるこの話は、初手から行き場を失ってしまう。

もとより、アウトサイダー・アートは障害のある人の制作する芸術を指し示す言葉ではない。それは、美術学校などで正規の美術教育を受けたことのない作り手が制作する作品のことである。アウトサイダー・アートの収集に熱心だった戦後フランスの画家ジャン・デュビュッフェは、それを「芸術的教養に毒されていない人々が制作した作品」[3]と規定している。そして、彼らの表現には模倣がなく、自分自身の内奥からの衝動のみによって制作していることを高く評価した。

そのようなアーティストのなかには、宗教家、占師、囚人、独居老人など、一般に健常者として理解されている人も多い。だが一方で、そこには精神障害、知的障害、視覚障害、自閉症などの障害がある作り手も多く含まれている。だとすれば、自閉症のグランディンが花に興味を示さないということは、本稿にとって致命的な事態ではなかろうか。話を自閉症に限定するまでもなく、実際のところアウトサイダー・アートの作品には、花を描いた作品が驚くほど少ない。

古くから、花は多くの芸術家たちに描写されてきた。古代ローマの壁画や初期キリスト教美術のモザイクは、美しい花飾りで装飾されていた。花鳥風月の美しさは、日本の詩歌の拠りどころでもあった。十七世紀初頭にフランドルを中心に活躍したヤン・ブリューゲルも、花の画家として高い評価を得ていた。日本近代洋画においても、梅原龍三郎や三岸節子など頻繁に花を描いた画家は多い。だが、グランディンの言葉を思い出すと、花が描くに足る美しい題材であるというのは、文化的に条件付けられた慣習にすぎないのかもしれない。そうであるなら、既存の視覚文化の約束事から自由なアウトサイダー・アートの作り手たちにとって、花が描写すべきテーマと思えないのは無理もない。

そんななかで、舛次崇《しゅうじたかし》はひとり異彩を放っている。彼は、一〇年にわたって「植木鉢の花」と呼ばれる植物の絵を描き続けているからだ。兵庫県西宮市に住む舛次は、一九七四年十一月一日に生まれた。先天性の染色体異常であるダウン症候群という障害があり、小学校と中学校は普通学校の特設教室に学んだ。高校は西宮市の阪神養護学校に通い、卒業後は西宮市の知的障害者授産施設一羊会すずかけ作業所に通うようになり、現在にいたっている。

舛次は、すずかけ作業所に通い始めた一九九二年から、作業所内で絵本作家のはたよしこが主宰する絵画クラブにも参加するようになった。この絵画クラブは、はたがボランティア講師として一九九一年から始めたもので、当初は運営にすずかけ作業所の職員が関わることはなく、ボランティア・スタッフによって月二回程度の活動が行われていた。いまでは、障害者福祉施設における絵画活動は珍しいものではない。だが、はたがすずかけ作業所で絵画クラブを始めた当時、福祉施設におけるそのような活動はごく一部の施設でしか行われておらず、またそのような活動についての情報も乏しかった。しかし、暗中模索のまま始められたこの絵画クラブは、同じような活動を志す福祉施設の範となり、近年では福祉関係者や美術関係者が数多く見学に訪れるほどになっている。舛次は、そんなすずかけ絵画クラブの草創期からの主要メンバーのひとりである。

舛次が絵画クラブで植物の絵を描き始めたのは、一九九五年頃からだ。《植木鉢の花一九九七―Ⅳ》（図1）を見てみよう。黒いパステルで描かれた植物は、ボリューム感のある黒々とした植木鉢から突き上げるように、画面上部に向かっている。やや斜めに伸びる植物と、右上の黒い四角形が絶妙のバランスを保ち、作品の構図を引き締めている。

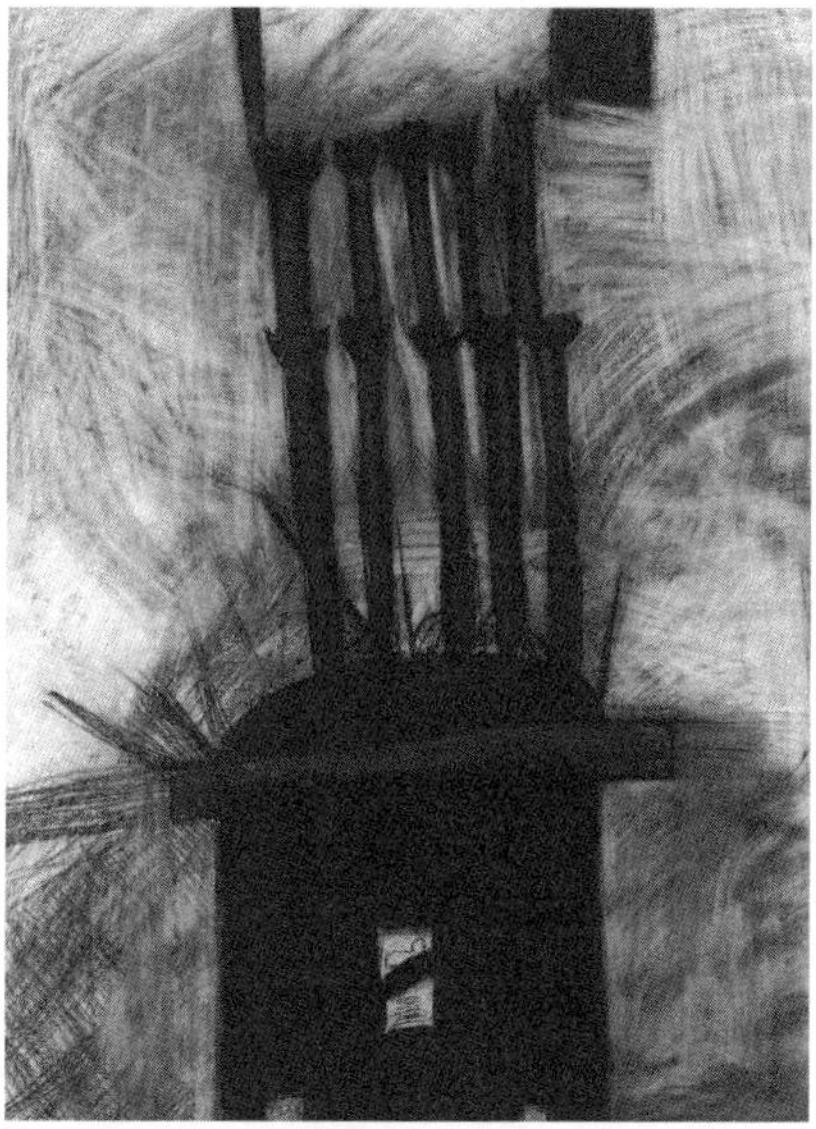

図1　舛次崇《植木鉢の花1997―Ⅳ》1997年

舛次は、目の前に置いた植木鉢を見ながら、紙に覆い被さるようにして強い筆圧で描く。そして時折、描いた植物の周囲にこぼれたパステルの粉を息で吹き飛ばす。さらにその上から、右腕全体を画面に押し付けたまま描き続けるため、余白の部分もパステルの黒や褐色に染まっていく。しばらく描いて余白が汚れてくると、今度は消しゴムを取り出して余白に着いたパステルの色を消していく。だが、木炭紙にパステルという画材の性質から、余白の着色が完全に消し去られることはない。こうして、淡いグレーの階調による美しい余白が仕上がっていく。舛次が描く植物は、彼のトレードマークであるというにとどまらず、すずかけ絵画クラブを代表する作品として、多くのファンを獲得している。

このような舛次の作品を、はたよしこはこう記述している。

シュウちゃんは、植物や花を写生しているようでいて、実は形を写しているのではない。彼は、花や植物から受け取る〝感じ〟を描いているのだ。小さな植木鉢から窮屈そうにはみ出している植物のもつ生命感を、直感的に表現してしまう。(4)

はたがいうように、舛次の作品が植物の生命感を表現しているように見えるとすれば、それは彼の描き方のためでもあるだろう。舛次は、目の前の植木鉢を見ながら、画面の最下部、つまり植木鉢の底から絵を描き始めることが多い。そして、植木鉢を描き終わると、その上に土を描き、さらに植物を下から上へと描いていく。ちょうど、植物が芽を出し、茎を伸ばしていくように、植木鉢から上に向かって、植物を成長させるように描いていくのである。それが、画面上部へと向かう植物の伸びやかさを表現し、作品を観る者に植物の生命感のようなものを感じさせることになる。

植物の成長という観点から見れば、舛次の描き方はまったく自然である。だがそれは、美術教育で行われてきたアカデミックな植物の描き方とはじつに対照的だ。一八八六（明治十九）年に出版された初等図画教育の教科書を見てみよう。(5) そこには、画面にすっきりと収まるように水仙の花（図2）が描かれている。この水仙には、十八世紀に流行した博物学的な植物図譜にも通じる客観的で正確な描き方が示されている。しかし、この図版が示しているのは、水仙の味気ない外観であって、舛次の作品から感じられるような植物の生命感ではない。

この小冊子には、明治美術会で活躍し、同時代の画家たちに大きな影響を与えた日本近代洋画の草創期の画家、本多錦吉郎による解説文が付されている。本多の「臨画心得」によれば、目の前に対象を置いて写生する臨画においては、「総テ画ヲ臨スルニハ先ツ虚線ヲ以テ其位置形状ヲ定メ次ニ大体ヲ組立ル所ノ諸線ヲ画キ而テ細小ノ部ニ及ホス可シ（一般的に写生をする場合は、まず虚線によって対象の位置や形を画面上に定めて、次に主要な部分を構成する線を引き、それから細かい部分を描いていくべき）」なのである。

このような教育方法は、その後も長く続いていくことになる。昭和十四年の中学美術の教科書には、壺に活けられた椿の絵（図3）が参考図版として掲載され、次のような解説が加えられている。(6)

絵の主題となるものは椿で画面のスペースの大部分を占め、これに壺が配されてゐる。壺の形と大きさはこの場合作品の安定感の上に大きな関係があるが、本図は胴の広い壺に椿が二段の変化をなして挿入され釣合のとれた極めて美しい構図をつくつてゐる。

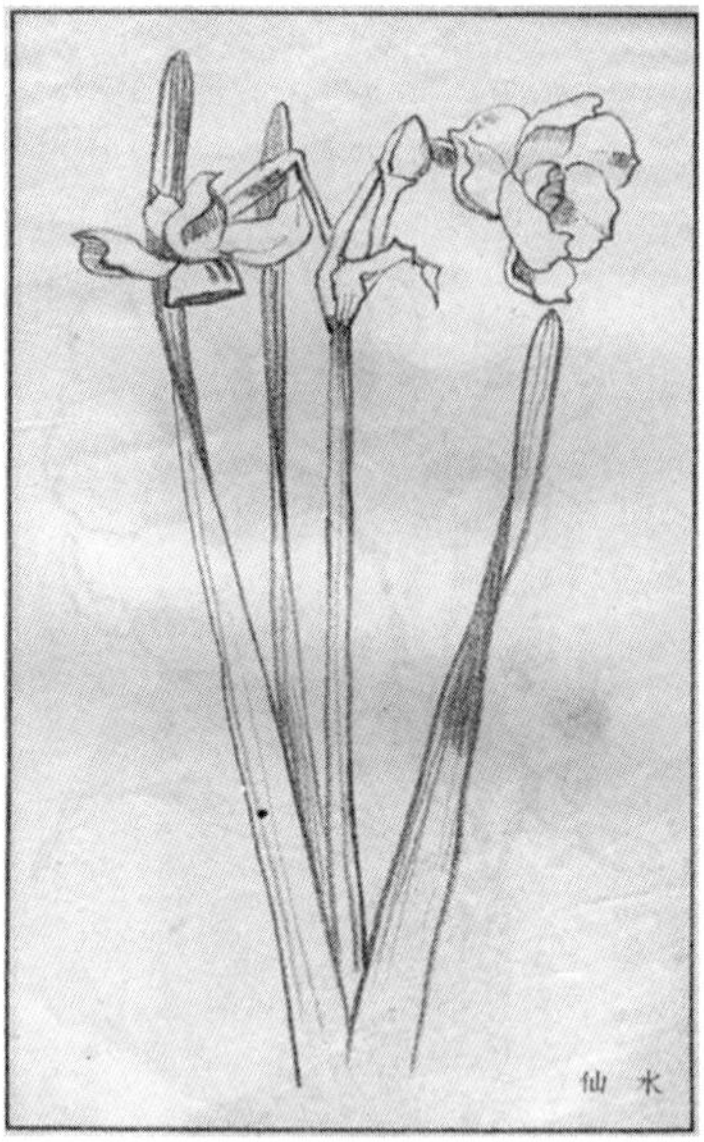

図2　『小学画手本』挿絵

さらにそこには、ご丁寧にも構図の安定感を図示する略図まで添えられている。アカデミックな美術教育において、写生とは、対象から観察者として距離を置き、画面のなかでの構図としての収まりを考えて、対象を克明に描くことである。それは、対象の表層のみを写そうとすることにほかならない。そのような美術教育の花の描き方は、舛次崇が描く花と著しい対比をなしている。

このような写生の伝統から完全に逸脱した舛次の描

図3　『中学　維新図画の理論と実際』挿絵

き方は、彼の作品に独特の魅力を与えている。一九九八年には、佐藤真監督によるドキュメンタリー映画『まひるのほし』にも取り上げられ、舛次の作品とユーモラスな振る舞いが観衆を魅了した。すずかけ絵画クラブの作品のなかでも、舛次の作品に対する貸出しの依頼は多いという。

ところが、絵を描き始めた当初から、舛次が植物をテーマとしていたというわけではない。すずかけ絵画クラブに通うようになった最初の数年間は、別の題材を描いていたのである。はたよしこはこう説明している。

> ある日、たまたま彼の目の前に小さな植木鉢があったらしく、シュウちゃんはそれを描いたことがあった。ユニークなデフォルメがされた、おもしろい形だった。彼が「自分なりのとらえ方」として取り込むのを邪魔しないであげれば、案外ほかにも興味を広げるかもしれないと考えた私は、次回からはいろいろな植物の鉢をシュウちゃんの前に置いて自由に

描かせた。

だとすれば、舛次崇にとっての植物は、インサイダーであるはたよしこによって選ばれ、与えられた題材にすぎないのだろうか。グランディンと同じように、舛次もまた草花には興味がないままに描いているのだろうか。舛次は、花は描くに足る題材であるという既存の視覚文化を押し付けられているだけなのだろうか。

それでは、植物を描き始める以前の舛次は、何を描いていたのだろう。すずかけ作業所には、舛次が絵画クラブに来るようになった頃に描いた作品がいくつか保管されている。そこには、類型化されたトラの絵（図4）があった。落書きめいた平凡なもので、植物を描いた作品のような緊張感はまったく感じられない。野球場のスコアボードを描いたもの（図5）もある。これもまた図式的で、美術作品として特別な興味を引くものではない。

図4　舛次崇《トラ》1995年以前

図5　舛次崇《スコアボード》1995年以前

図6　舛次崇《スコアボード》1995年以前

スコアボードが黒で塗りつぶされたもの（図6）もあり、こちらは植物の絵の丹念で執拗な塗りこみ方を彷彿とさせる。とはいっても、絵全体としてみればやはり概念的な描写で、お絵かき教室での制作物という域を出るものではない。

野球場の絵は、自宅からほど近い阪神甲子園球場を描いたものであろう。そしてトラは、甲子園球場をホームグランドとするプロ野球チームのマスコット・キャラクターでもある。絵画教室に通い始めた頃の舛次は、関心のおもむくままに、身近な甲子園球場と阪神タイガースを描いていたのである。ふたたび、はたよしこの文章を引用してみよう。

彼は、いつも甲子園球場のメインポール辺りの絵ばかりを描いていた。スコアーボードに選手名をぎっしり描き込み、得点表なども全て完璧に描き込んでから、彼はそれを同じ黒色のクレヨンでゆっくりと塗り込めてゆく。ゆっくりと丹念に、休まずたっぷり三時間。顔じゅうまっ黒。目はまっ赤。そんな顔をあげ私を見て満足げに笑った時、シュウちゃんの絵はデキアガリなのだ。

はたは、「あの絶望的なまでのエネルギーの浪費」が惜しくてもどかしかったと、いまでは笑い話のように回想している。そして、たまたま目の前にあった植木鉢を描いた機会を逃すことなく、次回の絵画クラブからも舛次の目の前に植木鉢を置くようにしたのである。

その後、はたは画材を木炭やパステル、時にはアクリル絵具に変えたりしながら、舛次の前に植木鉢を置き続けている。時には消火器などの別の対象を置くこともあるが、やはり植物を置いたほうが舛次の集中力が発揮され、作品の完成度も高まるという。そしていまや、舛次は絵画クラブにやって来ても、はたが目の前に何かを置くまでは、絵を描き始めようとはしない。他にも多数の参加者がいる絵画クラブであるから、舛次の前にモチーフが置かれるまでに相当な時間がかかることもある。それでも舛次は、待ちきれずに甲子園球場やトラの絵を描き始めるということはなく、目の前に何かが置かれるのをゆったりと待っている。それが絵画クラブでの作法だと、舛次は決めているのかもしれない。

だとすれば、植木鉢が置かれるのを待つという舛次の描き方そのものが、彼の獲得した独特の手法と考えることもできる。それは、はたよしこに押し付けられたというよりも、いまや自然な描き方となって舛次の身についているのかもしれない。このことを考えるためには、絵画クラブ以外での舛次崇についても少し知る必要があるだろう。

三時間も休むことなく描き続けるほどに絵を描くのが好きな舛次は、自宅でも絵を描いているのだろうか。また、子どもの頃から絵を描くのが好きだったのだろうか。自宅で描く絵や幼少期の絵を見れば、モチーフに対する舛次の好みがわかるかもしれない。自信をもって舛次を花のアウトサイダー・アーティストだといい切れるだけの根拠が見つかるかもしれない。私は、舛次の母親に話を聞くことにした。

しかし、母の和子さんからは、家で描くことはめったにないという、やや拍子抜けのする答えが返ってきた。私の落胆が顔に表れていたのだろうか、描くように勧めると家でも描くこともあると言葉を継いでくださった。だが、絵が好きでいつも絵を描いている人という人物像は、舛次には当てはまらないようである。家でのお得意のモチーフというものも見つからなかった。ただし、小学校一年生から三年生までの担任の先生が親切に絵を教えてくれたので、その時期に絵を描く素養ができたのではないかと、和子さんは考えている。そして、すずかけ絵画クラブに通うのは、いつもとても楽しみにしている様子であり、展覧会などで自分の作品が展示されているのを見ると、嬉しそうで得意げでもあるという。

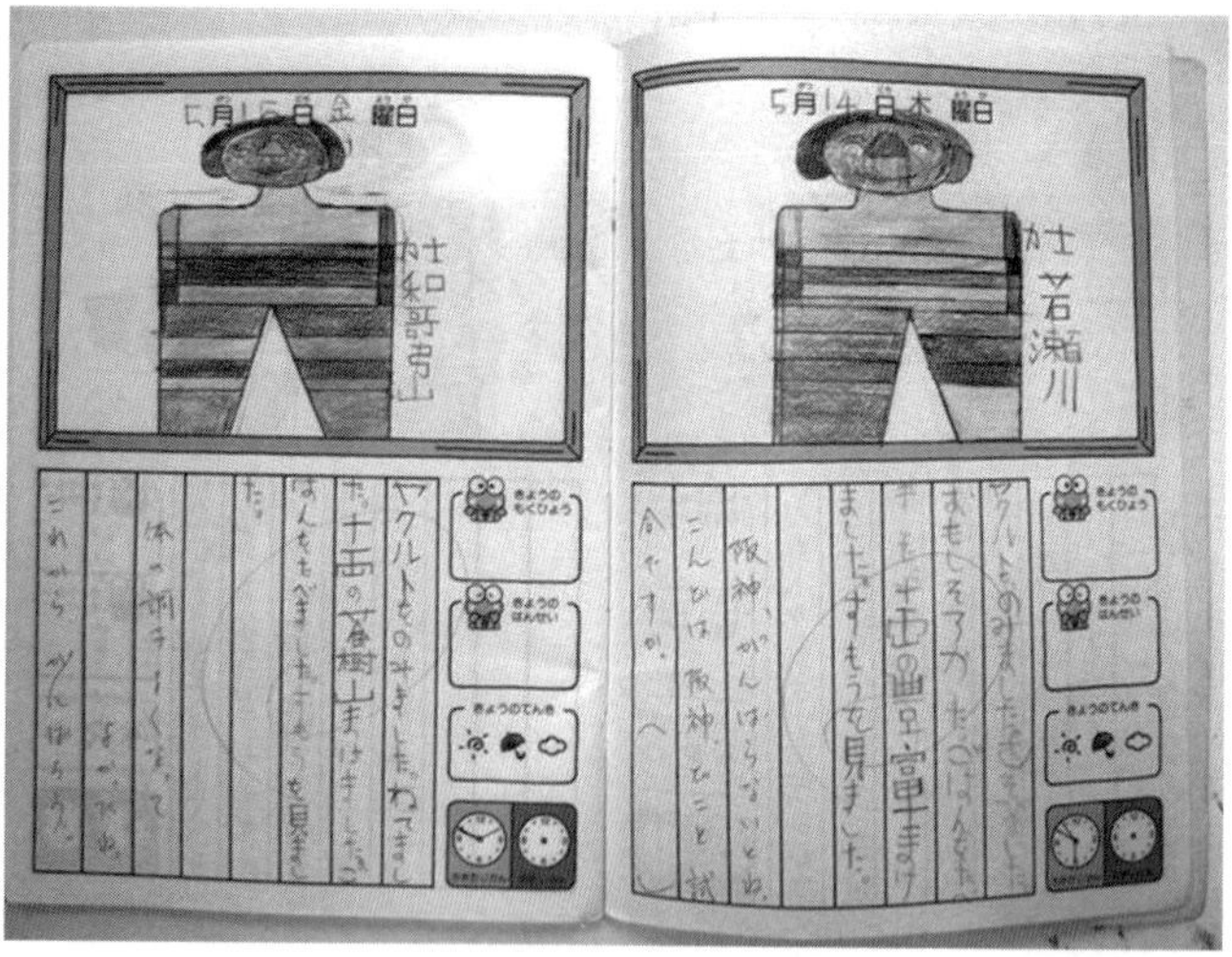

図７　舛次崇の高校時代の絵日記

もう少し、舛次崇の生活について聞き取りを進めてみよう。子どもの頃の舛次は、屋外で遊ぶよりは、家のなかでパズルなどをして静かにすごすのが好きだった。花については、祖母が花を育てるのが好きで、それを見ながら育った舛次も、花に接する機会は多かったようだ。そのことが、現在の植物に対する共感につながっているのかもしれないという。野球好きは、阪神タイガースのファンである父の正明さんの影響が大きい。父親といっしょにテレビで野球中継を観る時間は、舛次崇にとって至福の時なのだろう。すずかけ絵画クラブでの舛次は、その幸福な記憶を反芻するかのように、丹念に野球場のスコアボードを塗り込めていたのかもしれない。そう思えば、舛次がスコアボードの絵のために費やす三時間というのは、プロ野球の平均的な試合時間に近い。

野球以外では、大相撲中継を観ることも多かった。そういうと、和子さんは興味深いノートを見せてくださった。舛次が高校生の時に書いていた絵日記（図７）だ。毎日の日課として書かれていた絵日記には、担任の先生からのコメントや誤字の添削が赤いボールペンで書き込まれている。この絵日記は、舛次と先生との大切なコミュニケーションの手段だったようである。それぞれのページには、さまざまな色に塗り分けられた人物が正面から描かれ、その右横には人物の名前が記されている。それらが力士若瀬川、力士和哥乃山と読めることから、描かれた人物像は大相撲の力士であることがわかる。絵日記の文章を読んでみよう。

五月十四日木曜日　ヤクルトをのみました。あそびました。おもしろかった。ごはんをたべました。十両の豊富士まけました。すもうを見ました。

五月十五日金曜日　ヤクルトをのみました。ねてました。十両の蒼樹山まけました。ごはんをたべました。すもうを見ました。

図8　舛次崇が自宅で作っていたスコアボード

毎日がこの調子である。大相撲中継全体の盛り上がりからみれば、十両の取り組みなどは些細な出来事にすぎない。だが舛次は、十両の、しかも黒星がついた力士のことを日記に書いている。そして、その上には本文とはまったく別の力士の絵が添えられる。舛次の絵日記帳は、すべてのページに力士の絵が描かれ、すべての本文に大相撲のコメントがあるという、大胆不敵な絵日記となっていた。これを見ると、甲子園球場も植物も吹き飛び、大相撲こそが舛次の最も好むモチーフだと考えたくなる。

それでもやはり、最大の関心事は野球だと和子さんはいう。いまでも、年に数回は家族で甲子園球場に行き、プロ野球や高校野球を観戦するという。舛次の部屋には、高校野球のグラフ誌が大量に保管されており、それは舛次の宝物のひとつである。そして、舛次の野球好きを示すものとして、和子さんがなかば恥ずかしげに取り出した物体（図8）は、驚くべきものだった。それは、舛次が長い時間をかけて作り続けた紙製の甲子園球場のスコアボードだ。家では絵を描かない舛次だが、彼の野球や甲子園球場に対する愛着は、このようなかたちで表現されていたのである。

このスコアボードは、小学校の高学年の頃から作り始めたもので、大半は先の阪神淡路大震災の折に廃棄してしまったという。いま残っているのは、そのわずかな断片にすぎないらしい。新聞の折り込み広告をカード状に切り分け、それを何枚も重ねてマッチ箱程度の大きさに折り曲げたものを、粘着テープで丹念に貼り合せていく。このマッチ箱大の部品が全体の最小構成単位となっているのだが、その微妙な大きさの違いから全体のかたちに歪みが生じる。その場合は、はみ出した部分に定規を当てて切り揃え、全体のかたちを整えつつ、さらに増殖させていく。作っていくうちに、最初に作った部分の粘着テープの接着力が弱まり、作る先から別の部分が崩壊していくので、さらに粘着テープを貼り重ねる。こうして、幾重にも重なった紙と粘着テープによって、ずっしりと重量感のあるスコアボードが作られていった。最も大きなものは、幅二メートルにも及んだという。そのサイズは、手仕事としては身体的な限界に達していると思われる。完成時には、中央に日の丸や球団旗のポールも立てられていたようだが、もはや写真などの資料も存在せず、家族の記憶に残るのみである。

このスコアボードの制作は、すずかけ作業所に通うようになった頃、すなわち十八歳の頃には中断してしまったようである。それでも、舛次が膨大なエネルギーを注ぎ込んで自室で丹念に作り続けていたスコアボードの断片を見ると、このスコアボードこそは、彼が最も表現したかったものではないかと思う。花を描く舛次崇と、大相撲の力士を描く舛次崇、そして甲子園球場のスコアボードを作る舛次崇、そのいずれが表現者としての根源的な姿なのだろうか。つまり、デュビュッフェのいうところの内奥からの衝動による制作態度なのだろうか。いまや、植木鉢の花は舛次崇のトレードマークとなっている。しかしながら、じつのところ舛次は花のアウトサイダー・アーティストではなく、力士のアウトサイダー・アーティストか、甲子園球場のアウトサイダー・アーティストではないのか。この疑問に答えるためには、さらに舛次の絵画活動を探る必要がある。

つい最近まで、舛次はすずかけ作業所でもうひとつ別の絵画教室にも通っていた。アートセラピスト古堅真紀子《ふるげんまきこ》によるアートセラピーの教室だ。はたよしこの絵画クラブは、すずかけ作業所の就労時間外である土曜日の午後に、ボランティアの手によって運営されている。一方、古堅のアートセラピー教室は、作業の一環として就労時間内に行われてきた。ただ絵を描くというだけでは作業所や利用者にとってメリットはないが、アートセラピーであれば、利用者の「治療」や「癒し」という実利的な効果が望めるということであろう。

古堅のアートセラピーは、一九九〇年から一五年間にわたって週に一回のペースで実施されている。始まった時期は、はたよしこの絵画クラブとそう変わらないが、はたの絵画クラブが開催されるのは隔週の土曜日であるから、古堅はほぼ倍の密度ですずかけ作業所での絵画活動に関わってきたことになる。古堅の仕事場には、教室で描かれてきた大量の絵が、作者別に時系列に沿って整理されていた。

古堅の教室では、参加者は四つ切の画用紙を与えられ、用意された一八色の蜜蠟クレヨンで自由に絵を描く。一回の教室は約二時間で、その間、描く題材について古堅がなにかを指示するということはない。クレヨンで描いた上から、透明水彩絵具で着色するというスタイルが基本だが、鉛筆やボールペンなどの持ち込みも許されている。描く枚数に制限はなく、毎回一枚だけ描く参加者もあれば、数百枚を描き飛ばす人もいるという。「描きたいものを描きたいように、描きたいだけどうぞ」という方針だと古堅は説明する。

この古堅の教室に舛次崇が参加するようになったのは、阪神淡路大震災後のことである。この時期に古堅の教室は、それまでのすずかけ第二作業所（西宮市上甲子園）だけでなくすずかけ作業所（西宮市大塚町）でも開かれるようになった。そのため、大塚町のすずかけ作業所に通っていた舛次も、古堅の教室に参加することになったのである。それは、多分に偶発的な事情によるもので、この時期とくに舛次が希望して参加したというわけではない。

アートセラピーの教室に参加し始めた頃の舛次は、はたの絵画クラブでそうしていたのと同じように、甲子園

図9　舛次崇のアートセラピー教室での「自画像」（2003年）

球場の絵やトラの絵などを描いていたようである。だが、すぐに古堅が「自画像」と呼ぶ人物画を描くことに集中していった。この教室での舛次は、植物の絵を描くということはなく、一〇年近く「自画像」を描き続けたのである。この場合の「自画像」は、なにも本人の似姿である必要はないと古堅はいう。アートセラピストの立場からすれば、花にせよ単純な円形の模様にせよ、描いた人の心が投影されたものはすべて自画像なのだと。それを繰り返し定期的に描くことで、自己のイメージが定着され、より堅固なものになっていく。そのようにして自我を育てていくのが、アートセラピーだという。

舛次の「自画像」を描かれた順に並べると、それが人物の足を育てていく過程となっていると、古堅は観察している。彼女はそれを、舛次が行動力を育てていく過程だったと解釈する。「自画像」を描き始めた当初のほうが、人体のバランスとしては、むしろ均整の取れたものだった。それが一〇年近く描き続けていくうちに、少しずつ足が長くなっていき、最終的には、首のすぐ下から足が出ているような、極端にバランスを欠いた人物像（図9）になった。そして、自己の投影としての「自画像」の足が十分に伸び切った時、つまり十分に行動力が育った時点で、舛次の絵はひとつのステップを越えたのだと古堅は見ている。この時期に舛次は、自分の意志で古堅の教室への参加を中止したからだ。

古堅の教室での舛次は、一貫して人物像を描き続けていた。アートセラピストの立場から古堅が「自画像」と呼ぶその絵は、様式的には高校時代の絵日記に描かれた大相撲の力士像に酷似している。人体を水平線で細かく区分けし、その区画をさまざまな色で塗り分けた正面観の人物像は、透明水彩絵具による上塗りがあることと、四股名の書き込みがないことを除けば、そのまま絵日記の力士像のようである。このような描き方の人物像は、それが力士か自画像かという解釈はさておき、高校時代から連綿と続く重要なモチーフであることに間違いない。だとすれば、この人物像と並行して、はたよしこの絵画クラブで描き続けている植物の絵や、自宅で執拗に作り続けていた折り込み広告と粘着テープのスコアボードは、舛次崇のなかでどのように関連しているのだろうか。この三様のテーマの外観上のこの相違、この落差をどのように理解すればよいのだろうか。それでもやはり、舛次崇を花のアウトサイダー・アーティストと呼ぶことはできるのだろうか。

絵画クラブで舛次が描いている植物の絵を、古堅はどう見ているのだろうか。絵画クラブの絵は、自分が行っているアートセラピーの方法論で描かれたものではなく、それをセラピストとして分析することはできないと彼女はいう。そう断ったうえで古堅は、舛次崇がそれぞれの場所で自分を表現できていることは素晴らしいと付け加えた。そこには、舛次の人間味やしたたかさを感じると。

絵画を描くことやそれを展示することが目的であれば、絵の完成度が重要であるのはいうまでもない。だがアートセラピーでは、絵が完成することは決して終わりを意味していない。アートセラピーが目指しているのは、あくまで本人の自己決定と自己主張を尊重しつつ育てることである。場合によっては、絵が類型化することでさらに自我が強く定着していくこともあるという。

教室への参加者の絵は、ある時期に完成度が高まり、強い緊迫感と観る者に訴えかける力をもつようになる。ひとりの鑑賞者としての古堅は、そのような絵を描き続けてほしいとも願うし、公的な場所に展示してみたいとも思う。だがアートセラピストとしては、その後に絵がパターン化していき、作品としての緊張感が弱まることを肯定的にとらえている。それは、自分の世界が定着しているということだからだ。教室での作画の目的は、本人が自分で決めたことを確認し、それを育成させるということなのだ。

この話から私は、美術と福祉の越え難い壁のようなものを感じざるをえなかった。

古堅の言葉を借りるなら、アートセラピーが目指しているのは、絵を描く本人の自己決定力を養うことである。その目的が達成されるなら、描かれた絵の完成度は問題とならないし、それを展示することにも意味はない。作品がどう評価されるかよりも、作者がどう生きるかが重要なのである。参加者がすずかけ作業所の利用者である古堅の教室にかぎっていうなら、障害のある人が現実の社会においてどのような行動を取り、どのような生活を送るかということが、教室を行ううえでの関心事である。したがって、作画によって障害のある人の自己決定力を養うというアートセラピーの考え方は、本人の生活の充実、つまり本人の幸福を目指しているという点で、きわめて社会福祉的な視点をもつものだといえる。

美術はどうか。アートセラピーとは対照的に、美術においては作品そのものの出来栄えが重視される。その傾向は、欧米のアウトサイダー・アートの場合にはより顕著である。そこでは、作者に障害があるかどうか、あるとしてそれはどのような障害であるのかということには、ほとんど関心が寄せられることはない。究極的にいえば、作者が現存しているか故人であるかも問題にはならない。賞賛され、時として高額で取引きされるのは、作品そのものである。作者本人の幸福は、二の次なのである。

日本の美術業界がアウトサイダー・アートに対して消極的になりがちなのは、この作者の幸福という社会福祉的視点に対する警戒心によるところが少なくない。作者の幸福という観点を考慮することなく、作品そのものを評価するという美術業界では常識的ともいえる作法に対して、福祉界から起こるかもしれない批判を恐れているのである。だが、美術の側からのアウトサイダー・アートへの視点も、つきつめれば作者の幸福につながらないわけではない。海外の古典的な例を引いてみよう。

一九三〇年にスイスの精神病院で没したアドルフ・ヴェルフリは、いまや世界で最も著名で、最も高値で作品が取引きされるアウトサイダー・アーティストのひとりである。病院のなかで彼は、二〇年以上の歳月をかけて四五巻、二万五千頁に及ぶ挿絵入りの自叙伝を描き続けていた。そして、まだ自叙伝が完成していないと嘆きながら、失意のままに世を去った。それだけを思えば、ヴェルフリの人生は決して幸福だったとはいえないだろう。だが、ヴェルフリの作品は戦後になって高く評価されるようになり、スイスのベルン美術館には、ヴェルフリ専用の展示室さえ設けられている。死後数十年も経てば、ほとんどの人はその存在すら社会からさっぱりと忘れ去られてしまう。それに比べれば、やはりヴェルフリは幸福である。美術と福祉の壁は、人類の幸福ということに関して、視野に収めている時間の幅にすぎない。だとすればそれは、決してお互いを理解し合えないほど高い障壁ではないのかもしれない。

一方で私は、古堅真紀子とはたよしこが舛次崇に対して共通の見解を示す場面にも遭遇した。アートセラピーによって作者の自己決定力が確立してくると、それは画用紙の上だけでなく、実生活でも発揮されるようになるという。古堅が関わってきた障害のある人のなかには、これまで行わなかった自己決定を、実生活のあらゆる場面で過剰なほどに発揮するようになり、家庭が大混乱に陥った例もあるという。セラピーが効果を上げるということは、実は本人の周囲の人間にとっては大変なことなのだと、古堅はいう。舛次はいま植物の絵を描いている。だが、もしかすると将来、舛次が描かないという決定をすることがあるかもしれない。そうなるとそれからが大切であり大変なのだと、古堅はその時の舛次の姿を思い浮かべながら語った。

似たような話を、以前にはたよしこからも聞いたことがある。初めての個展を開催し、映画『まひるのほし』にも取り上げられた一九九八年頃から、舛次の周辺は急激にあわただしくなった。彼の作品や行動に多くの人が注目し始めたからだ。すずかけ絵画クラブへの見学者が増えるのもこの頃からだ。すずかけ作業所での舛次は、日常的な仕事としてミシンで布を縫っている。この時期、それまでは律儀に与えられた仕事をこなしていた彼が、まっすぐに縫うべきところを少し曲げて縫ってみたりするようになったという。そうして、周囲の反応をうかが

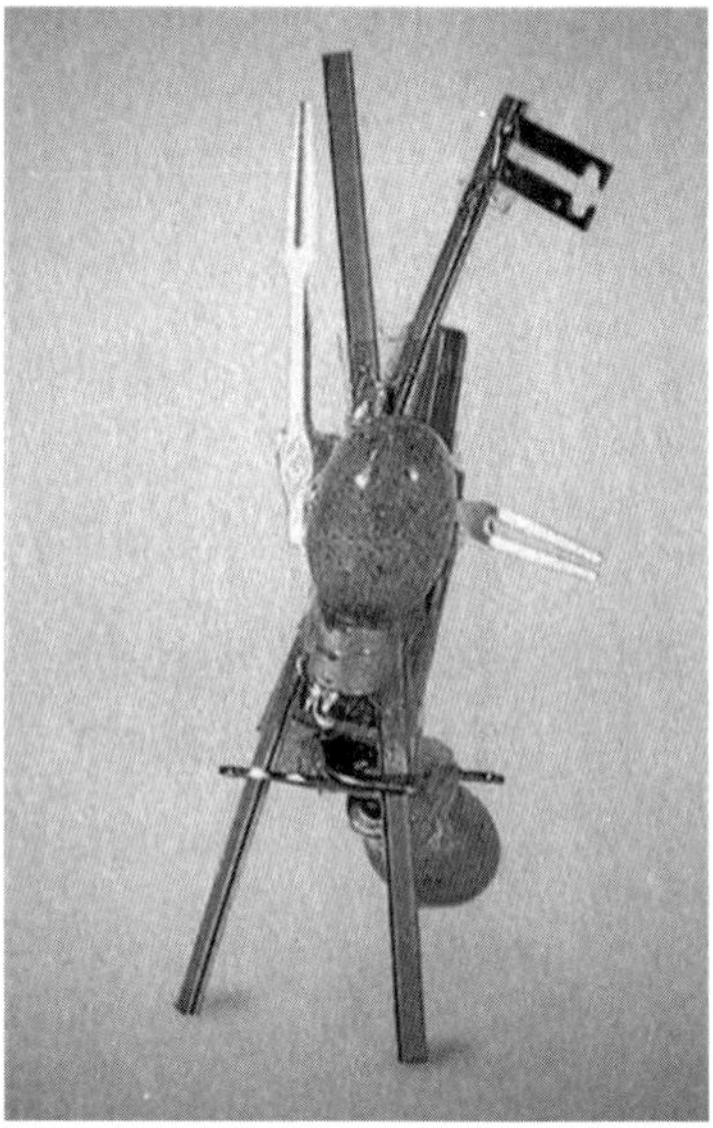
図10　八島孝一《かまきり》1998年

い、楽しんでいるようなのである。

当然のことながら、作業所ではそれを問題行動と理解する。そしてその原因は、作品の人気が高まったことや映画に出演したことではないかと推測した。つまり、周囲が過度に注目することの悪影響であり、つきつめれば、絵画クラブに参加していることの悪影響ではないかというのである。だが、はたよしこはそれに反論する。そのように悪戯をして周囲の反応を見るというのは、非常に人間味のある行動であり、むしろ舛次の成長と見るべきではないのか。福祉施設が障害者の社会的自立を目指すのであれば、数枚の不良品に目くじらを立てるよりは、社会的な人間関係のなかでの本人の成長を喜ぶべきではないかと。

舛次の作品に対して、正反対ともいえる接し方をしてきたはたよしこと古堅真紀子だが、舛次自身の振る舞いに対しては、ほとんど同じような感想をもっていた。舛次崇の自己決定力は、アートセラピーの教室だけでなく、はたよしこの絵画クラブを通じても育まれてきたことは間違いない。そう思えば、福祉と美術の壁というのも、意外に低いものなのかもしれない。

このことは、別のアウトサイダー・アートの作り手のことを思い出させる。八島孝一《やしまこういち》だ。一九六三年生まれの八島は、自宅から大阪市此花区にある此花第二大平学園に通園する道中で、路上に目を凝らしてさまざまな物を拾い集めている。そのために彼が通園に要する時間は、通常の倍ほどにもなるという。八島は、そうして収集した都市の雑多な廃物を粘着テープで執拗につなぎ合わせ、動物や乗物、日用品などのオブジェ（図10）を作り上げている。

こうして彼が作った作品は、これまでに二〇〇点近くに及ぶ。だがそれ以上に興味深いのは、彼が材料を収集するその方法である。能率ということを考えれば、ごみ捨て場に直行するかごみ箱を漁れば、短時間で材料を揃えることができるだろう。にもかかわらず、通常なら一時間の通園経路にたっぷり二時間を費やしながら、一日に数個ずつ集めていくという過程こそが、八島にとっては重要なのだ。福祉施設の視点からは、それが問題行動と映るかもしれない。実際に、路上で物を拾うことを禁じられていた時期もあった。だがその行為は、毎日あわただしく自宅と職場を行き来するだけの味気ない生活を送る多くの人より、はるかに人間味がある豊かな時間のすごし方ではなかろうか。しかも、そのような八島の歩き方は、自閉症である彼が世界との安定した関係を築くために導き出した唯一無二の必然的な通園方法でもあるのだ。

通常の倍の時間をかけて路上の廃物を物色しながら歩く八島孝一が不自然なのではない。植物や人物やスコアボードなどのモチーフを、制作する場所に合わせて使い分ける舛次崇が不自然なのではない。それを不可解なことに感じる私たちのほうが不自然だ。一般常識にとらわれ、社会の規約によって条件付けられた私たちが、はるかに不自然なのだ。

花を描いたアウトサイダー・アートに芸術的価値を見いだすことが重要なのではない。草花を美しくないと言い切る態度こそが、アウトサイダー・アートの魅力である。舛次崇は、花を描くアウトサイダー・アーティストというわけではない。花も力士も、甲子園も自画像も含めて、それらをなんの衒いもなく作り続けるアーティストである。そこには、どれが彼にとって本質的なのかという問いを発すること自体がつまらないことに思えてくるような、底知れない大らかさと懐の深さがある。花を描いたアウトサイダー・アートを探すことよりも、アウトサイダーの作り手の描き方のなかに、花に通じるなにかを感じとることのほうが意味があるのではないか、この取材を通じて切実に感じたのは、むしろそのことだった。

そのように考えると、本稿のためにあらためて舛次崇を取材した日のすずかけ絵画クラブの様子が、ありありとよみがえってきた。

角谷祥子は、席につくとまずバッグからラジオを取り出し、イヤホンを耳に当てた。次にパレットを取り出すと、パレットの一区画を丹念に水性マーカーで塗りつぶした。それから絵筆を水に浸し、パレットに塗ったマーカーの色を筆ですくうようにして画用紙に淡い色を塗りはじめた。プラスチックのパレットに塗ったマーカーの色は、水のついた筆でこするとすぐになくなってしまう。するとふたたび、マーカーでパレットを塗りつぶす作業に逆戻りする。なんと非効率的で、個性的な描き方だろう。

平岡伸太は、小学校で使うような漢字練習帳に絵を描く。漢字を書くために用意された四角い枠を人物の似顔絵で埋めると、その下に人物の名前を書き込んでいく。漢字練習帳は、瞬く間に平岡伸太監修の人物図鑑になった。彼の横には大型の卓上電子計算機があり、彼はそのテンキーを叩きながら絵と字を描いている。電卓が何のために使われているのかはまったくわからない。そして、突然立ち上がると、机の間を縫ってぐるぐると歩き回る。ふたたび席に戻ると、電卓を叩きながら図鑑の制作に没頭する。描くことに集中すると、大声での独り言が始まる。教室に「いいですね、いいですねー」という平岡の声が響く。だが、誰もそれを気にする様子はない。

少し遅れて富塚純光が現れた。彼もまた、このクラブの創生期からの主要なメンバーだ。じっくり五分以上かけて手を洗うと、富塚は中国語や韓国語が書き込まれた手製の単語カードと、下絵が描かれたスケッチブックを取り出し、それを見ながら日記風の絵を描き始めた。彼のこの日の目論みは、画中の文章をすべて中国語と韓国語で表記しようというもので、それには途方もない時間がかかっていた。数名のボランティア・スタッフが、富塚の横に座り、彼が書いた中国語や韓国語を日本語に翻訳して書き起こしている。作品を展示する時に必要だからだ。富塚がじっくりと制作に取り組んでいる一方で、他の参加者たちはすでに制作を終え、思い思いに休憩を取ると好みのタイミングで帰っていった。スタッフも、富塚とは少し離れたところに座ってお茶を飲みながら談笑している。それでも、富塚は気にする様子もなく黙々と描き続けている。

この絵画クラブで、舛次崇には王様の風格があった。部屋に入ってくると、窓際のCDプレーヤーに近づき、スタッフがBGMにかけていた心地よい音楽を、高校野球のラジオ中継に変えてしまった。そして席に着くと、はたがモチーフとなる植木鉢を置きに来るのを、水を飲みながら泰然と待っていた。すでにして大家の趣きである。そして植木鉢と紙が用意されると、驚くべき集中力ですぐに絵画の世界に没入していく。時折、顔を上げて周囲を見回すのだが、目が合うと射すくめられそうな迫力があった。

はたよしこは、このような絵画クラブの様子を「人間温泉」と表現した。「所詮人生なんてこーんなもんよと、しゃちこばった肩をポーンと叩かれたような爽快な感じ」で、それを楽しみにしてクラブを訪れる人も多いという。絵画クラブの参加者たちは、それぞれが自分のスタイルを確立している。それがどれほど人と違っていようとも、一向に気にかける様子はない。人と違うということすら意識していないかのようだ。いつも平均的な人の振る舞いというものを気にしながら、自意識過剰に生きている私たちにとっては、彼らのその超然とした雰囲気が心地よく、また羨ましくもある。はたがいう「爽快な感じ」とは、このことだろう。

この「人間温泉」にゆったりと浸りながら、私は以前に登った北アルプスの高山のことをぼんやりと考えていた。三〇〇〇メートルに近い山頂付近は、岩と小石ばかりの荒れた環境である。風も強く気温も低い。そのような厳しい場所にも、地面に張りつくようにハイマツが育ち、小さな高山植物が花を咲かせている。ハイマツは、強風や積雪に耐える細くて密集した枝をもち、他の植物との競合を避けられる環境を選んで生存している。主幹をもたず、地面に接した枝からも根を生やすことができるというハイマツの形状には、高山で生き抜くための生物学的な必然性がある。それと似たような必然性を、私は絵画クラブの参加者たちの描き方に感じていた。

良くも悪くも、現代の美術界には戦術や戦略がある。インサイダーのアーティストたちは、熟考の末に練り上げたスタイルを武器に戦っている。彼らの活動によって、現代の社会や人間の生き方に対する有益な提言が与えられる。私たちが物事を感じたり考えたりするための、示唆に富むヒントが与えられることもある。それは、時代を映す鏡とも呼ばれる芸術活動だからこそ成しえる仕事であろう。だが、アウトサイダー・アートの価値は、それとはまったく別のところにあるように思う。とくになにかを目指すわけでもなく、論理的に事を進めるわけでもない。ただありのままに自分を表現する彼らの姿には、強固なフィジカリティとでもいうべき、生命力の必然的な発現を感じる。

それは、福祉的な視点から自己決定力の強度を分析することや、美術の枠組みに閉じ込めるために作品そのものの完成度を批評することの、そのいずれをも笑い飛ばしてしまうような大らかな強さだ。アウトサイダー・アートの表現には、現代の美術家が熟慮の末にスタイルを選択するのとは異った、生き方としての必然性が感じられる。それは、環境や生活様式の必然から植物の形状が選択され、それによって生を謳歌しているのと、どこか似ているような気がする。

（1）オリヴァー・サックス『火星の人類学者―脳神経科医と七人の奇妙な患者』吉田利子訳、早川書房、一九九七年、三〇六頁。
（2）ドナ・ウィリアムズ『自閉症だったわたしへ』河野万里子訳、新潮社、一九九三年、二一五、二七八頁。
（3）Jean Dubuffet, *Prospectus et tous écrits suivants I*, Gallimard, 1967, p. 202.
（4）はたよしこ『風のうまれるところ』小学館、一九九八年、以下、はたよしこからの引用はすべて同書。
（5）本多錦吉郎『小学画手本』團二社、一八八六年。
（6）美育振興会編『中学　維新図画の理論と実際』目黒書店、一九三九年。

複式夢幻能における〈花〉

川戸　圓

はじめに

甲南大学人間科学研究所の主催によって、多くの命が失われた阪神淡路大震災の十周年を記念して、今一度生命（いのち）を考えるという趣旨から、「花の命・人の命」というタイトルで、シンポジウムが開催された。シンポジウムに先立って各々のシンポジストが、その専門分野の立場から「花の命・人の命」というタイトルに関わる演題で講演の機会をも与えられた。筆者の専門は臨床心理学であり、分析心理学（ユング心理学）をその依って立つところとしている。治療技法としては夢分析あるいは箱庭療法を用いることが多い。したがって講演では「〈曼荼羅〉としての花」というタイトルで、箱庭療法の事例を提示し、最初の箱庭に置かれたアイテムとしての「花」が変容していく様から、「花」とは何かに迫ることを試みた。そしてシンポジウムでは「複式夢幻能における〈花〉」というタイトルで、世阿弥の生み出した複式夢幻能の本質を探ることで世阿弥のいう「花」とは何かに迫ることを試みた。

本論文ではシンポジウムの「複式夢幻能における〈花〉」に焦点をあてて、「花の命・人の命」に迫ってみることとする。

1　「花」について

分析心理学者が「花」と聞けば、まず思い起こすのは『黄金の華の秘密』という著作であろう。これは一九二九年に、分析心理学の創始者であるユング（C. G. Jung）と中国研究者であるヴィルヘルム（R. Wilhelm）によって出版された著作である。この本はドイツ語では、"*Das Geheimnis der goldenen Blüte: Ein chinesisches Lebensbuch*"であり、そのまま日本語に訳すると『黄金の華の秘密—中国の命の書』となる。これはヴィルヘルムによる古代の中国のテキスト"Taiyijinhuazongzhi（太乙金華宗旨）"の翻訳および注釈と論議、そしてそれに対するユングによる「ヨーロッパの読者のための」コメントから成り立っている。これは一九三一年には英訳されてもいる。英語のタイトルは"*The Secret of the Golden Flower: A Chinese Book of Life*"である。

さて、これらのタイトルからも分かるように「華（花）」は「命」と深く関わるものである。そして「黄金」あるいは「金」は、古来「永遠性」、「不滅性」の象徴であった。つまり「黄金の華＝金華」とは道教における「不死」を表しており、永遠・不滅の命のことなのである。「黄金の華＝金華」を求めることは「永遠・不滅の命」を求めることであり、それゆえに「命の書」となる。事実、『太乙金華宗旨』という本のタイトルは、中国のある編者によって、『長生術（人間の寿命をのばす技術）[1]』と変えられたりもしている。もちろん当時の人々も私たち個人の命が永遠でないことは知っている。それにもかかわらず、永遠の命を求める様々なアート（技術）に繰り返し心を奪われ、単なる「長生き」以上のものを求めることに没頭していたことを歴史は示してくれている。では人々は「永遠・不滅の命」という名のもとに一体「何」を求めていたのであろうか。

それに対する一つの答えを出したのがユングである。ヴィルヘルムを通じて中国のこの書を知る前に、ユング

図1　作業中の錬金術師。過程のさまざまな段階の図。一番下には、太陽が現れ、黄金の花を生み出すところが描かれている。
『沈黙の書』（1702年）より

はヨーロッパの中世にこれと同様のものをすでに見出していた。それは錬金術である。ヨーロッパの中世に見られる錬金術は「金」を生み出す一連のオプス（作業）から成り立っている。そして、どうやら錬金術師たちも「金」そのものを生み出すことよりも、「金」がもつ永遠不滅というシンボリックな何かをオプスを行いつつ探索していた、とユングは考えたのである。つまりそれこそが錬金術の存在意義であると説いたのである。しかもユングはその「金」が生み出される段階を図で表したヨーロッパの書の多くに、中国の書と同様に「黄金の花」が描かれていることにも着目していた（図1参照『心理学と錬金術II』より）[2]。すなわち、「黄金の華（花）」は、洋の東西を問わず、古代あるいは中世の人々が探求し続けた「もの」を象徴しているとみたのである。ヨーロッパで見出したものと同じものを中国の書に見出したユングの喜びが、ヴィルヘルムとの共著という形で結実したものが、『黄金の華の秘密―中国の命の書』なのである。それは個々の人間の差異はもちろんのこと文化的差異をもこえた共通のものを、人類の基盤として捉える概念を育もうとしていたユングに、確かな手がかりを与えたのである。

「黄金の華（花）」が象徴するものは永遠・不滅の命、しかも私たち個々人の肉体的な命ではなくて、脈々と続いている抽象的な命である。つまり「不滅の霊魂」と言ってもいいであろうか。また「黄金の華（花）」は、ラマ教においては「マンダラの基本形態であるパドマ（Padma 蓮華）」でもあることから、曼荼羅でもある。ユングの用語で言うならば自己（セルフ）でもある。人々は、永遠の命・不滅の霊魂・曼荼羅・自己に繋がるためにはどうすればいいのかと、思いを巡らし続けてきたのである。そのために東洋では様々な鍛錬の方法、修行の方法が考えられてきた。西洋でもそれは同じである。そしてユングはそれが夢の分析によって可能になることを自分自身の体験から知ったのである。「永遠・不滅の命」との繋がり方は、当然のことながら、一つというわけではない。

ところで、震災で崩れ、焼け落ち、何もかもが無くなった大地から、つまり人々の絶望から命が絶えたと感じざるを得なかった大地から、時を経て夏が巡り来た時、美しい向日葵が咲いたことが、大きなニュースとして取り上げられたことがあった。焼け跡の市街地にぽっかりと蘇った向日葵に多くの人々が感動したのである。それは向日葵を植える運動となり、人々が絶望から立ち上がる一つの契機となった。記憶しておられる方も多いであろう。その花を見たり感じたりすることで、私たちの絶望の状態が癒されたのである。それは、向日葵の花を通じて、永遠の命に繋がっているという感覚を賦活させることができたからではあるまいか。「永遠の命・不滅の霊魂・曼荼羅・自己に繋がる」というと難しそうに聞こえるが、要はこういうことなのである。いわば向日葵の連綿と続く命に人の心が繋がることなのである。そうすることで再び心が蘇ることなのである。向日葵は私たちの目の前から消えて無くなった。にもかかわらず大地の中に向日葵が隠されてでもいたかのように、時を経て再び出現したのである。そのような奇跡の象徴が向日葵の花だったのである。私たち凡人は大震災というような出来事を通じて、確実に存在すると思っているものの不確かさを今一度思い知らされ、そして気付きもしていなかった永遠の命に気付かされ、それに繋がっていることを実感することで癒されていったのである。

古代および中世の人々は、一つの哲学として、永遠の命に繋がる、あるいは連なるためのアート（技術）あるいはオプス（作業）に取り組む方法について事細かに語り、そういった営み自体が重要なプロセスであり、生きる意味と見做されていたと思われる。そしてそれを現代に生きるユングは個性化の過程（process of individuation）と名づけたのである。この個性化の過程は、いわば、「永遠の命」「黄金の華」に繋がるプロセスであり、心理療法のプロセスであり、心の癒しのプロセスであるとも言える。心の癒しの本質を、「黄金の華」を求めるプロセスの中に、永遠不滅のものに繋がろうとするプロセスの中に、見出したのである。

ユングはその著『心理学と錬金術Ｉ』の第二部で、このプロセスを一人の男性の夢の分析をたどる形で、明らかにすることを試みている。主に分析が始まってから最初の二二の夢を分析しているのだが、その中に「青い花」が現れる夢がある。それは「長い散歩。夢見者は道端に青い花をみつける」というとても短い夢であるが、

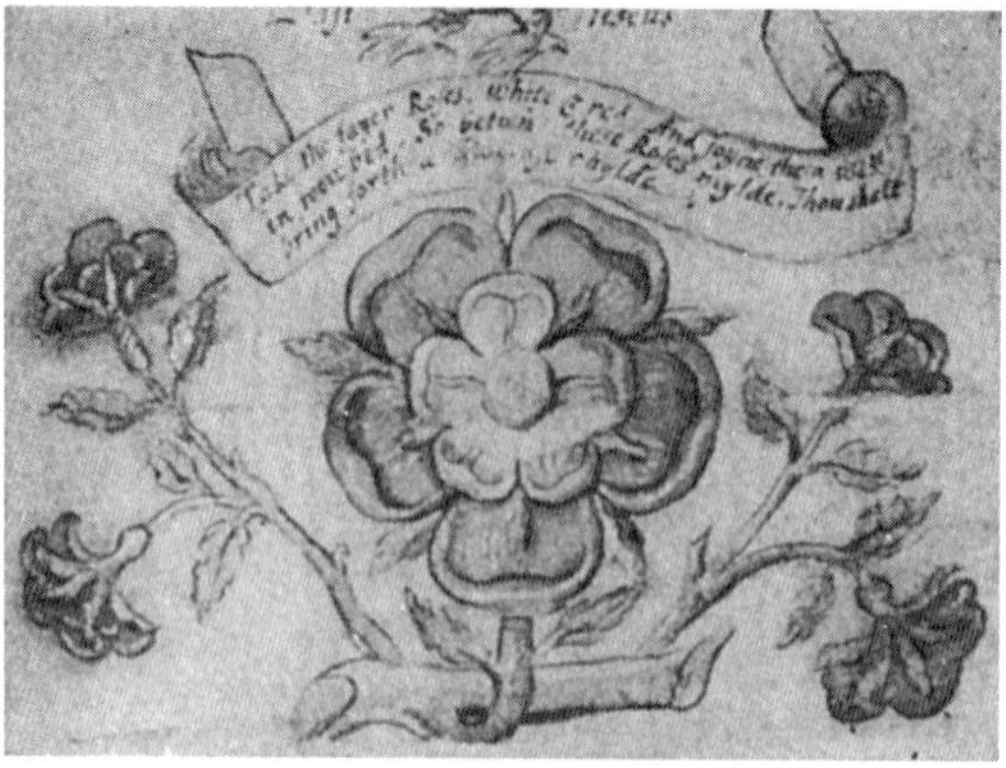

図2　錬金術の「黄金の花」である紅白の薔薇。ここで「哲学者の息子」が誕生する。
リプリー・スクロウル **No 1**（1588年）

ユングは夢の中の「青い花」に注目し、次のように述べている。「『錬金術の黄金の花』（図2参照『心理学と錬金術I』より）はつまり、場合によっては青い花、すなわち『両性具有のサファイア色の花』でもあった(3)」と。このフレーズは他の文献からの引用であり、煩雑になるので深追いはしないが、「黄金の花」はまた「青い花」としても現れることがあり、夢見者が「花の命」と繋がることを示す夢だと論じている。

ここで大事なことを心にとめておいていただきたい。「花」とは何か、「黄金」とは何かを問う場合に、その答えとして、一つのものを期待してはならないということである。「花」は命、「花」は魂、「花」は曼荼羅、「花」は向日葵、そして「黄金」は不滅性、「黄金」は自己、「黄金」はダイヤモンド、「黄金」は金色、「黄金」は青色といったように、一対一対応でそのイメージを狭くしてしまわないということである。「花」は、命であり、魂であり、曼荼羅であり、焼け跡に咲いた向日葵であるというように、「花」をいくつもの概念（言葉）の中心に置くといった感じで、一対多対応で捉えて、イメージを広げていくということである。「黄金」もまたしかりである。したがって、時には黄金が青色となることもあり得るのである。私たちのイメージは本来実に豊かな多様性をもっている。心にとめておいていただきたいのはそのことである。それがユングの言う「シンボル」なのである。

2　世阿弥と花

中世の日本で「花」というシンボルを存分に使って、能楽論を展開したのは世阿弥（一三六三―一四四三）である。その代表的なものが『風姿花伝』である。それはまた『花伝書』とも呼ばれている。これは世阿弥が三十八歳から四十代半ばにわたって書き継いだもので、初期の能楽論であり、若い頃から見聞してきた能の研究の仕方、学習の仕方をまとめたものである。世阿弥の数多くの著作の中で、これ以外にも「花」の言葉の入る著作には次のようなものがある。中期の能楽論として『花習』、『至花道』、『花鏡』、そして後期の能楽論として『拾玉得花』、『却来花』である。ただ中期以降「花」という言葉を用いる回数は激減している[4]。それについて小西甚一は『世阿弥能楽論集』の解説で、「中期の世阿弥が考えた〈花〉は、咲く花のように眼でとらえられる性格のものでなく、おそらく〈花〉ということばのもつイメージが邪魔になったのではなかろうか[5]」と推測している。つまり前節で述べたように、「花」というシンボルは多くのイメージを内包しているが、例えば「向日葵」というように実際に眼にするイメージのみに一対一対応的にとらわれる傾向を避けるために、「花」という言葉を用いることが少なくなったのであろう、というのである。その通りだと思う。世阿弥が分かりやすい表層の「花」から入り、深層の「花」へと進む一つの方法が、表層と余りに密着度の高い「花」という言葉の放棄であったと思われるが、後期の著作にもまだ「花」という言葉を入れていることからも分かるように、それは決して「花」そのものの放棄ではない。

さて世阿弥の「花」の用い方は次の三つにまとめられるだろう。第一には、能を演じる人のもっている才能のようなもの、第二には、能という芸術文化が古代から中世を経て、未来へと続くものとなるためにも備えていなければならないもの、第三には、一つ一つの能の作品自体がもっている出来不出来のようなもの、である。

最初の意味で使われているのは、『風姿花伝』の「第一年来稽古条々」で、能役者の年齢ごとにそこで見られる「花」について述べている。七歳前後で能の稽古に入った子どもが十二、三歳で見せる「花」についてては次のように述べている。「この花は真の花にあらず、ただ時分の花なり(6)」と。十二、三歳という年齢は発達心理学的にはある種の完成に至る年とされている。完成とは、性的なものを入れない状態で、人間としての全体性に最も近くなるという意味での完成である。世阿弥はこの年代の子どもは能役者としてある種の「花」を持ち始めると言っているのである。ただこの「花」はまことの「花」ではなくて、その年代の子どもがもつ「時分」の「花」だと言う。その年齢特有の「花」で、その年齢が過ぎれば失われる「花」だというのである。この「時分」というのは短く、早くも十七、八歳ではその「花」は失われると言う。世阿弥の言葉では「第一の花失せたり」ということになる。この発達心理学的にも困難の多い思春期まっただ中の年齢では、能役者の「花」も咲かないというのである。十二、三歳である種の完成に達した人格に、性的なものが登場し、それまでの全体性が壊され、ふたたびそれを包含した形での人格の構築が出来上がりそうにもないこの時期には、「花」どころではないというのである。この時期が疾風怒涛の時代と呼ばれるのもさもありなんと思われる。二十四、五歳になってようやく「花」は咲き始めるが、これもまた年の盛りの「花」であり、この時分の「花」にしか過ぎないという。そしてここで重要なのは、「時分の花」を「真の花」と思い込まないことだという。この年齢になると周りの人が褒めるとついつい傲慢になり、「時分の花」を「真の花」と見間違う危険が高くなるというのである。そのことによってなおさらに「真の花」から遠ざかってしまうことを知らねばならないという。臨床という芸をみがかねばならない私たちにも耳の痛い話である。世阿弥自身の言葉では次のようになる。「時分の花を真の花と知る心が真の花に遠ざかるこころなり(7)」。そして三十四、五歳で世間の評判も今ひとつならば、「いまだ真の花を究めぬ為手と知るべし(8)」と。知ってどうするのかを世阿弥は云わない。ただ知れと。ごまかさずに知れと。ごまかしていると四十歳になれば確実に力が下がるので、「真の花」が無かったことがより確実になると。知って、この道を断念するのか、今まで以上の稽古に励むのか、そこは各人の決断であり、生き様であると言わんばかりである。そして四十四、五歳の「花」については、「身の花も、他目の花も失するなり」、「もし、この頃まで失せざらん花こそ、まことの花にてはあるべけれ[9]」と述べる。若さがなくなると観客から観ても「花」はなくなるが、それでも消えない「花」があるならば、それこそ「真の花」であろうというのである。四十代も半ばになってようやく自分に「花」と呼ぶべきものがあったと知るのである。最後に五十歳を過ぎて、「まことに得たりし花なるが故に、(略)老木になるまで花は散らで残りしなり[10]」ということになる。老いた身に咲く「花」こそが「真の花」なのである。このように「真の花」という表現でもって能役者の力を見極めたのである。

第二の用い方は『風姿花伝』の「花伝第七別紙口伝」に述べられたものである。その前の第五にあたる「奥儀讃歎云」で、「その風を得て心より心に伝ふる花なれば、風姿花伝と名付く[11]」とあり、また「花伝第六花修云」の最後には、「この条々、心ざしの芸人より外は、一見をも許すべからず[12]」として、別紙に至る前の『花伝』を終えているのである。つまりこれらは心より心へ密かに伝えられるべきもので、能に携わる者以外の者が目にしてもならないものだというのである。そして最後に別紙として付け加えられた「花伝第七別紙口伝」で、かの有名な一文に至るのである。すなわち「秘する花を知ること。〈秘すれば花なり。秘せずは花なるべからず〉となり[13]」という一文である。この文に続けて世阿弥は、「その家々に秘事と申すは、秘するによりて大用あるがゆゑなり。しかれば、秘事と云ふことを現せば、させることにてもなきものなり。これを、〈させることにてもなし〉と云ふ人は、いまだ秘事と云ふことの大用を知らぬがゆゑなり[14]」と述べる。家々に伝えるものとして秘することが重要であり、これが顕になるとたいしたものでもないように思えることもある。だからといって「大したものではないではないか」という人はまだ秘することの意味合いがわかってない人だというのである。そして世阿弥は最後に、「この別紙の口伝、当芸において、家の大事、一代一人の相伝なり。たとへ一子たりと云ふとも、不器量の者には伝ふべからず。〈家、家にあらず。継ぐをもて家とす。人、人にあらず。知るをもて人とす〉と云へり。これ、万徳了達の妙花を極むる所なるべし[15]」とくくる。これは家にとって最も大事なものであり、一代にただ一人に伝えるべきものであって、自分の子であっても天分の無い者には伝えられず、家というのは継ぐ人が家となるのであり、その人は道を知る人でなければならないというのである。これこそがすべてが完成した状態である「妙花」と云うことになると結んでいる。

余談になるが、密教の伝授において、とても面白い話がある。空海と最澄は同じ時に唐に渡り、最澄は空海より早く密教の一部を学んで日本に帰り、空海は最澄に遅れて帰国したが、密教の全容を修得してきた。最澄は自分の密教の学びが部分的なものであることを認め、空海に密教関係の書物を幾度となく借り受けている。そのようにして足らずを学び取ろうとしたのである。空海も快く貸し出しに応じていた。ところが密教の根本経典たる『理趣経』の借り出しを最澄が願い出た時に、空海は決然と断るのである。この根本経典は単に文字を読むことで体得できるものではなくて、弟子入りをして様々な密教の修行を修めつつ学ぶものであるからというのが、断りの理由である。それは最澄に空海のもとに弟子入りすることを暗に勧めていることにもなる。密教の「密」たるゆえんはここにあると、空海が考えているのである。それは師から弟子へと「伝える」ものなのである。秘儀というところには必ずこのように文字だけでは伝えきれないものを含んでいる。したがってその文字のみのものは秘されることになるわけである。

秘することの意味合いがわかってない人は、秘されたものを文字として読んで「させることにてもなし（大したものではないではないか）」と云いがちであるという世阿弥の言は、空海の嘆きにも通ずるものである。秘することによって言語以外の多くのものの存在に私たちは開かれることになる。そういうかたちで開かれた最上の状態が「妙花」に通ずるらしい。「花」を秘儀として伝え、伝えて、それは「妙花」になり得るのである。

第三のものは能の作品を評価する時に用いられるものである。六十八歳になった世阿弥が次男の元能に語り、語られたことがまとめられた『申楽談儀』にみられる。それに先立って六十五歳前後に世阿弥は『九位』を記している。そこでは能作品が九段階にわけられる。まず上、中、下の三つにわけ、その各々をまた三つにわけて九つとするのである。順に、上三花、中三位、下三位となる。上三花と中三位の一番上のものにだけ「花」が用いられている。上三花は、妙花風、寵深花風、閑花風である。この三つをまとめて「上花」という言い方もする。因に中三位の最上位のものは「正花風」と呼ばれる。この中で最上位にある妙花風にあたるものについて世阿弥は何も語らない。つまり妙花風という位は存在するが、それに値するものは人間が作ることのできるものではなくて、神のみができるものと考えていた節がある。いわば究極の目標とでもいうものであろうか。前述した秘伝が成り立った最高の状態を「妙花」とするという表現とも相通ずるものである。最高の状態は永遠の目標なのである。さて『申楽談儀』で、世阿弥は、「井筒、上花也。松風村雨、寵深花風の位か。蟻通、閑花風斗か。道盛・忠度・よし常、三番、修羅がかりにはよき能也。此うち、忠度上花か」[16]と述べている。このように「花」でもって能作品の位付けをしたのである。

世阿弥の「花」が指し示すものが少しばかり明らかになってきたのではあるまいか。一人の能役者が生まれてから死ぬまでの間に潜む「花」、そしてまた一人の人間に限らず、師から弟子へ口伝されてゆくものとしての「花」、そこには時の流れがあり、脈々と続く永遠性が目指されている。この「花」を「黄金の花」と呼んでも何ら差し支えがないものに、世阿弥の「花」は高められているのではあるまいか。

次に世阿弥が「上花」とした能作品の特徴を見るための一つのステップとして、能作品の分類について論じておこう。

3　複式能と単式能、夢幻能と現在能

前節で、世阿弥が「井筒、上花也。（略）このうち忠度上花か」と、語ったことを述べたが、「上花」とされる

能作品はどのような能であろうか。

『夢幻能』という著書を出した田代慶一郎によれば、「上花」とされる「井筒」も、また「上花か」とされる「忠度」も複式夢幻能である。複式夢幻能はどうやら世阿弥によって初めて世に出されたものらしい。ただ世阿弥自身が複式夢幻能という名を自分の作った能につけていたわけではない。『申楽談儀』で、「二切れにて、入替わる能は、書き易き也。其のまますする能には、目に離れたる所を書くべし。是大事也。それがなければ、ぬなりとして悪し(17)」と語っており、複式能と単式能の区別をすでに世阿弥がしていたことがわかる。現在の能の用語で云えば、前場があり、前シテが一旦中入りし、再び後シテが登場して後場という構成をとる二段になった能が複式能であり、単式能は前場・後場というように二場の構成をとらないものである。

では夢幻能とはどのような能のことであろうか。まず夢幻能という言葉は現在能に対応してできた言葉である。この言葉は、田代によれば、能ができあがった時代からおよそ六百年にならんとする時を経て、登場したものである。それは一九二六年のことで、大正十五年である。田代からの引用であるが、「能楽の芸術的性質」という演題で、国文学ラジオ講座で、佐成謙太郎が論じたのが初めであるという。佐成の語りは次のようなものである。

「私はこのやうに劇の主人公がワキの夢に現れてくるものを夢幻能と名づけ、従つて〈頼政〉の如き脚色を複式夢幻能と申せばどうであらうかと思ふのでございます(18)」

因に、ここであげられている「頼政」もまた世阿弥の作品である。佐成はワキの夢にシテが現れるものを夢幻能としたのであり、夢幻能の「夢」は、私たちが夜眠っている間にみる夢を指している。世阿弥は夢幻能という名称は用いなかったのだが、どうして「夢幻能」という概念が新たに必要とされるようになったのか、田代の説を紹介しながらみてみよう。

まず彼は夢幻能と現在能という分類は、形式上の分類である複式能と単式能の分類と違い、深く内容に関わるものであり、「内容は解釈する側の意識によって変化する(19)」ことをあげている。そして世阿弥の時代に必要としなかった分類が、必要となった背景には「理解する側の世界観[20]」が色濃く反映しているとみる。つまり、「死者の霊が現れる夢幻能と現実界の人間をあつかう現在能とは、現代の人間にとってはまったく別次元の世界であるが、世阿弥の時代には死者の住む冥界もわれわれの生きる現世も明確な国境もないまま、どこかで地続きだったのではなかろうか[21]」というのである。田代のいう冥界と現世の区別のなさは、換言すれば、夢の世界と現実の世界の区別のなさであるとも言えるし、そういった区別のない時代は、夢が人々のなかで、現実と同様に大事なものとして、尊重されていた時代とも言えよう。夢が現実と同様のリアリティーを持っていたと考えられる。

筆者は心理療法の技法として夢分析を用いると述べたが、患者さんに夢を報告して頂きながら、それをある種のリアリティーとして聞いている。患者さんの意識という幕を取り除いたリアリティーとでもいおうか。眠っている間には私たちは意識をもたない。にもかかわらず夢という形でいろいろなドラマが私たちの中で進行しているのである。その夢に全力をあげて関わって行くことで心の全体性が築き上げられていくのを日々体験しているわけである。となると夢は確実に一つの心的リアリティーとして筆者の中に位置づけられる。しかしこの夢分析という技法が登場したのは二十世紀初頭であり、夢のリアリティーも一つのリアリティーとして認めていた古代から断絶して、十九世紀の理性謳歌に片寄り過ぎた結果であろう。その時点で大きな役割を果したのがフロイト（S. Freud）であり、ユングだったのである。

後で複式夢幻能の「井筒」のあらすじを述べるので、おわかり頂けると思うが、後場は実はワキの夢という構成になっている。夢を、単にはかない夢・まぼろしと捉えるのではなく、一つのリアリティーとして捉える文化においては、夢の場面を取り入れた能をあえて夢幻能という必要もなかったのではあるまいか。日本文化がことさらに夢と現実の差異を意識しなければならなくなったのは、西欧文化が怒涛のように流れ込んできた明治時代以降と田代はみているのである。それが夢幻能という概念の導入の一つの契機であったというのである。

佐成に始まった夢幻能の概念は、昭和に入って、より明確に定義されていく。それには横道萬里雄に負うところが多いと田代は言う。昭和三十年代の初めに、岩波の日本古典文学大系が刊行され、その中の『謡曲集』の解説者が横道である。横道によって複式夢幻能は次のように定義されている。ここでひとつお断りをしておくが、慣例として、夢幻能というと複式夢幻能をさし、ことさらに複式夢幻能と言わないことが多い。つまり夢幻能はほとんど全てが複式になっているので、単に夢幻能ですますことが多いのである。ここでも横道は「夢幻能」とだけ言っているのだが、正確を期すために筆者が複式を付け加えたことをお断りしておく。

「能に夢幻能と現在能の二大別があることはよく知られているが、そのうち（複式）夢幻能というのは、こういう能である。旅人が名所を訪れる。そこへ里人がやって来る。里人は旅人に、その土地に言い伝えられた物語を聞かせる。最後に里人は、〈自分は実は今の物語の中に出て来た何某なのだ〉といって消え去る。すなわち舞台から一度退場するので、これを中入という。旅人が待っていると、先程の里人が今度は何某のまことの姿で現れて、昔のことどもを仕方語りに物語ったり、舞を舞って見せたりして、夜明けとともに消えて行く。これは旅人の夢だった。というのが（複式）夢幻能の筋立ての基本形式である。[22]」

その後数々の論議をよびながらも、横道のこの定義が定着したと田代は結論付けている。もちろん夢幻能という概念は後にできたものであるから、全ての能を夢幻能かあるいは現在能かということで分類できるわけではないが、田代も言うように、複式夢幻能が世阿弥の心血を注いだものであることに変わりは無い。複式夢幻能で、世阿弥が「上花」としたものに「井筒」があり、「上花か」と疑問を投げかけるかたちにしたものに「忠度」がある。二つを取り上げるだけゆとりはないので、ここでは「井筒」をとりあげ、それを「上花」とした世阿弥の心をさぐってみようと思う。

4　複式夢幻能と「花」

田代は、「井筒」を「最も完成した夢幻能、典型的な複式夢幻能」(23)であると見做すのは、衆目の一致するところであると言っている。しかも「井筒」は「忠度」よりも後にできたものであり、「修羅物の分野で夢幻能の可能性をいろいろに試みた世阿弥が、その成果をもとに、女能の世界で試みた複式夢幻能」が「井筒」であるとも述べている。世阿弥六十歳頃の作品である。馬場あき子の『謡曲集』、日本古典文学大系の『謡曲集』、田代の前述書を参考に、「井筒」のあらすじを述べてみよう。

『井筒』

舞台は大和の石上にある在原寺のほとり。そこへワキが橋掛りから登場する。ワキは諸国一見の僧である。

「これは諸国一見の僧にて候。われはこの程は南都に参りて候。またこれより初瀬に参らばやと存じ候。これなる寺を人に尋ねて候へば、在原寺とかや申し候ふほどに、立ち寄り一見せばやと思ひ候。」

そこへ亡き人を弔う供花と水桶を手にした前シテ、里の女が登場する。亡き在原業平を弔うという。そして業平の思い出の跡は残っており、物語（伊勢物語）も滅びないと言う。前シテの里の女はワキの僧に業平ゆかりの物語をゆっくりと語り、そして舞う。舞い終わって、僧があなたこそ業平ゆかりの方ではないのかと問うと、業平と彼女が幼い頃に身を映したという井戸（井筒）の陰に隠れるように、前シテの里の女は消えて行く。

《中入り》

ワキの僧は業平のゆかりの人の亡魂であったかと納得して、この寺に逗留し、亡き人の跡を弔うこととする。ワキの僧は眠ったのであろうか。

「ふけゆくや　在原寺の夜の月、在原寺の夜の月、昔を返す衣手に、夢待ち添えて仮枕、苔のむしろに臥しにけり、苔のむしろに臥しにけり。」

後シテ、美しい女が登場。その女性は男装し、業平となって女との情を舞う。舞い終えて、後シテは経てきた年月の長さに思い至り、井戸の水鏡に我が身を映し、見入った後に、消えていく。

夜は明け、荒廃した在原寺の庭に、独り、ワキの僧が残され、朝の光の中で夢から覚めて呆然としている。

「寺の鐘もほのぼのと、明くれば古寺の、松風や芭蕉葉の、夢も破れて覚めにけり、夢は破れ明けにけり。」

前場においては、ワキ僧の前に現れる前シテは亡霊である。業平の妻の亡霊であり、異界からの時空を越えての訪問者である。亡霊は誰の前にでも現れるものではなくて、ある定まった人の前にのみ姿を現す。したがってここではワキ僧の前に前シテの女が現れるのであって、対話はワキの僧と前シテの間で取り交わされるものである。観客はワキ僧の聞くところを聞き、ワキ僧の見るところを見るという形で、ワキ僧の不思議な体験に関与するのである。

後場においては、ワキの夢が舞台化される。ワキは眠るのみであるが、そこに確かに存在している。夢の中で後シテの女は業平に変容し、舞うことで、業平との情愛を回復させ、井戸の水鏡に映った真の姿をみて、時を知り、消えて行く。夢の中で業平との情のもつれが解かれていくのである。そして「夢は破れ」て、ワキ僧は朝の光の中で独り呆然と目覚めることとなる。

ワキが最初に舞台に登場し、そして最後まで舞台に残る。このように、「井筒」という複式夢幻能の構造を成り立たせているのは、諸国一見の僧であるワキの存在である。つまりワキの諸国一見の僧が額縁となって、「井筒」という絵を絵たらしめているのである。田代も、「絵は額縁がなくても存在できるが、夢幻能のほうはこの額縁なくしては途端に雲散霧消する」(24)と述べている。

前に心理療法家としての筆者の体験するリアリティーについてのべたが、リアリティーという観点から複式夢幻能におけるワキの役割を見てみようと思う。劇作家の木下順二は、ドラマのリアリティーとは何かを問いかけ、ドラマが創り出すリアリティーは、実際の現実が持っているリアリティーとは異質のものであるのは確かだが、ではそれは一体どのようなものなのか、その答えを見いだせずにいた。その時に木下順二は「井筒」に出会ったと、田代は述べている。そして、中世以来日本に伝わる能の、しかも複式夢幻能の、後場のリアリティーこそがそれなのではないかという結論に至ったという。実在しない人がまさにそこにいるという感覚を与えられることが、演劇のリアリティーだとすれば、それは複式夢幻能の後場ではないか、というのである。そしてそのリアリティーを保証しているのは、ワキの存在であるとしている。木下もまた、複式夢幻能におけるワキの存在の重要性に気付いた人なのである。木下の言葉を引用すると、「シテの現出する世界のリアリティーをわれら見物人に保証してくれるもの、それがワキである、より厳密には確乎として不動なワキの実在性であるである」[25]ということになる。

複式夢幻能における前シテもまた後シテも確乎とした不動な実在ではなかった。現在という時にもこの場という空間にも縛られていない、時空を超えた存在者であった。前シテは幽霊であり、後シテは夢の中の人物であった。にもかかわらずその存在感に能を見るものが心を揺さぶられるのである。この能のリアリティーを、木下は「ドラマのリアリティー」の本質と捉え、それを現出させた世阿弥に感服したのである。そして世阿弥がそれに成功したのは、諸国一見の僧というワキを配したことにあるとみたのである。ワキはまさに不動の実在であり、その実在性をたよりにもう一つのリアリティーが成り立つのである。この二重のリアリティーが複式夢幻能の神髄である。

こういったシテとワキの関係に類似したものを私たちはどこに見いだせるであろうか。筆者のように夢分析を日々行っている人間には、夢の語り手と夢の聞き手の間に、ワキとシテのような関係が生じることを体験する。夢の聞き手は、夢の語り手の繰り広げる夢物語というリアリティーに全面的に関わって行く。それでいて少なくともどこかは不動の現実というリアリティーにも関わっていなければならない。また夢物語ではなく、病態水準が低い語り手は、時には、病理学的に言えば、妄想と名付けられる物語を語ることもある。妄想という物語は生半可ではないリアリティーをもっている。生半可でないというのはこのリアリティーが二重性を持たず、単一性になっているからである。勿論治療論としては、それを病的なものとして否定する方法もある。だがこの単一的なリアリティーを、複式というか二重のリアリティーの中に位置づけるという治療論も可能である。その場合にも妄想の語り手と妄想の聞き手という関係の中で、ワキにあたる妄想の聞き手が、妄想の持つリアリティーに全面的に関与しつつ、一方で不動の現実というリアリティーに、引き裂かれずに身をおくことができれば、理想論ではあるが、治療論が展開できるのではあるまいか。

さて世阿弥は、「井筒」を「上花」とし、「松風村雨」を「寵深花風」としたことは既に述べた。「松風村雨」については詳述しなかったが、これは複式ではなく単式で、しかも夢幻能であるという不思議な位置にある作品である。世阿弥による初めての夢幻能の作品である。つまり一場から成り立ち、シテは幽霊のままでワキと対話を続け、真の姿を見せないままで終わるものである。この作品でのリアリティーの二重性は「井筒」ほどには明確にならない。その後世阿弥は修羅物で複式夢幻能を模索し、最終的に「井筒」のような複式夢幻能にたどり着いたといわれる。その世阿弥が、「井筒」「上花」と「松風村雨」「寵深花風」というように「花」の位に差異をつけたのであれば、この「花」とはリアリティーの二重性を担うものと考えてもあながち間違いではあるまい。

おわりに

様々な「花」について述べてきた。「花」というシンボルは洋の東西を超えて、実に豊かな広がりをもっているものである。「花が咲く」とは、見えないもののつまりは秘されたものの発現ととると、筆者の中では、腑に落ちる所にようやくたどり着けた。

（1）「『太乙金華宗旨』の由来と内容」を述べるところで、ヴィルヘルムが脚注を入れて明らかにしている。
（2）『心理学と錬金術 II』五〇頁、図133。
（3）『心理学と錬金術 I』一一三頁、図30。
（4）『世阿弥能楽論集』一四頁。
（5）同書、一四頁。
（6）同書、三二頁。
（7）同書、三四頁。
（8）同書、三六頁。
（9）同書、三七頁。
（10）同書、三八頁。
（11）同書、七七頁。
（12）同書、九八頁。
（13）同書、一〇九頁。
（14）同書、一一〇頁。
（15）同書、一一五頁。
（16）『世阿弥　禅竹』二八六頁。
（17）同書、二八八頁。
（18）『夢幻能』六頁。
（19）同書、一一頁。
（20）同書、一一頁。
（21）同書、一一頁。
（22）『謡曲集　上』七頁。
（23）『夢幻能』三八頁。

(24) 同書、五五頁。
(25) 同書、五八頁。

参考文献

天野文雄『現代能楽講義』大阪大学出版会、二〇〇四年。

C・G・ユング『心理学と錬金術 I』池田紘一・鎌田道生訳、人文書院、一九八二年。

C・G・ユング『心理学と錬金術 II』池田紘一・鎌田道生訳、人文書院、一九七九年。

表章・加藤周一校注『世阿弥 禅竹』日本思想大系、岩波書店、一九七四年。

小西甚一編訳『世阿弥能楽論集』たちばな出版、二〇〇四年。

田代慶一郎『夢幻能』朝日選書、朝日新聞社、一九九四年。

戸井田道三『能 神と乞食の芸術』毎日新聞社、一九六四年。

徳江元正「複式夢幻能はどのようにして発生したのか」『國文学』第二十六巻八号、學燈社、一九八一年。

馬場あき子・三枝和子『謡曲集 狂言集』集英社、一九八七年。

C・G・ユング、R・ヴィルヘルム『黄金の華の秘密』湯浅泰雄・定方昭夫訳、人文書院、一九八〇年。

横道萬里雄・表章校注『謡曲集 上』日本古典文学大系四十、岩波書店、一九六〇年。

花のコスモロジー

加藤　清

1　はじめに

天から下る垂直の宇宙軸と水平の大地とが交わる地上に花が繚乱として咲いている。しかし花は一輪の花として時には群生して真っ直ぐに咲くが、地下の根とは互いに密かに繋がりあっている。これは花の秘め事であり、花は単に咲くと云うより根と共に咲くが如く咲いている。更に云えばこの花と根の根である（大地）とが微妙に連携し合い、ここに見えないめぐりが生まれている。一方同じく人の命も、からだ、こころ、たましいが互いに交流しつつ、見えない宇宙軸を花と共有して回転しているので、ここより花と人とが主客合一し、人と花の共振が生じる。

世阿弥が風姿花伝(1)の中で「秘する花を知ること。秘すれば花なり。秘せずば花なるべからず。この分け目を知ること、肝要の花なり」とし、形ある見える花と上述の形のない見えない花とを区別し、形のない花の元から、わざにより形のある花を表現していくこと、換言すれば形のない存在としての花を中軸とし、形のある花としてのイメージを力動的に展開してこそ花の心を知り得ると述べる。ここに存在と存在するものとを分ける世阿弥の深い存在論的な洞察への意図があり、花をまことの花と時分の花に分けたのもその証であろう。もう一度彼の言葉を借りて云えば「花を知らんと思はば、まず種を知るべし。花はこころ、種はわざなるべし」と云われる。

世阿弥の生きていた室町時代には既に禅の六祖彗能の説いた思想、即ち無念、無想、無住が大切にされ、特に無住を「住む所無きに応じてその心を生ず」とした六祖壇経の虚空蔵の本旨が武士の精神に浸透していたのであろう。花は静かにその場に止まるのが不住の姿であり、人は動いて不動であるのが不住であって、「住する所なきをまず花としるべし」との世阿弥の花に関する言明によって、ここに花と人との共振の原点があるのが分かる。

我が国では人と花の共振の在り方は詩歌特に俳句、短歌の内でよく歌われている。例えば釈超空の短歌「合歓の葉の深きねむりに見えねどもうつそみ愛《ヲ》しきその香たち来も」と彼独特の花への五感を動員した共振感覚のままに詠じられている。更に云えばこの短歌には花との単なる共振を越えて、花の底の常世とのつながりを彼らしく感じ、形のない花と出会っている。

2　花をみる、花がみる

我々は花をめでるのみでなく、花は星と共に我々にふりかかる。即ち花も星も天と地に跨がり我々を包み、この世を越えていく。宮沢賢治は童謡の中で「あめなる花をほしと云ひ、この世の星を花という(2)」と歌う。花も星もあるなしでなく、咲く故に咲き、光るが故に光っている。ここでは花も星も宇宙の在り方を示している。私の知人の吟遊詩人は喉にカミが降りて来て自らの短命を告知されつつも「宇宙には星。大地には花。人には愛があればよい(3)」と天上からの美声で絶叫するが如く歌う。時は沖縄の聖なる屋久島の宿の夏の夜、丁度島に夜間咲いたばかりの月下美人が彼の手の内で馥郁たる香りをたて、ニライカナイまで響き渡る彼の歌声に聞き入りつつ、花は一夜のいのちとして萎んでいった。「友のソロ屋久島祝う月下華」。

要は花は地上の星となり、星は天の花として、例えば満天星（ドウダン）の花、星草、天蓋の花（曼珠沙華）と名付けられている。しかし総て花も星も天地の時空の内で互いに牽引しあっているので、総ての花と星はこのように呼ばれるに値するのではなかろうか。

次に以上のことをより具象的に臨床例を通じて述べてみよう。

症例一　二十九歳の女性　統合失調症、幼児より母親に見捨てられ育つ。愛情欲求が強く、心身共に自虐的で男性恐怖、性の抑圧強く現実離れの生活をしている。毎晩の夢では気持ちよく空を飛んでいることが多い。しかし治療がすすむにつれて自分が現実逃避していると知る。時に大地を目指すが、恐怖が強く降りられない。頭が地に着くようになるや否や再び飛翔する。ある晩の夢の中で幼児より親しんできたサクラソウを空から病院の庭の一隅にみる。今度はこの花に魅せられやっと着地できる。このことが起きたのは入院半年後の事であった。その後初めて畑を耕し自ら園芸療法を始める。「私は毎日日課として花の世話をしています。私が草や土から離れないのは、いのちに触れているから」と云う。

症例二　二十五歳の男性　重症神経症、指導覚醒夢療法を行う。山の頂上からどんどん天に向かって昇ってくださいと指示する。彼は云う。「今日はいつもと違って内面的になり真剣な気持ちがする。自分の過去の哀れな姿をやり直して戴けるだろうと予感して涙が出てくる。見渡す限り柔らかな空がいろいろの色に包まれる。――」彼は左手を上に真っ直ぐに上げ、何か肩にもだんだん力が伝わってくると云いつつ、右手も上方に上げ両手の掌が合わさり丁度祈りの形となる。そしてからだがロケット様になり天の花に届くように昇って行くと云う。先程見えていた花の沢山の色も集まり一枚の絵になる。一つ一つの色がそれぞれ一人の人間であり、人を理解するとはこんなことかしらとも云う。

症例三　四十歳の女性　統合失調症、樹木の絵をかいて貰う。A４の紙に二本の短い平行線を書くのみ。しばらく会話して、もう一度書き足らぬ所あればと云うと右側の平行線に続けて五ミリ程の線分を書き足す。面接の

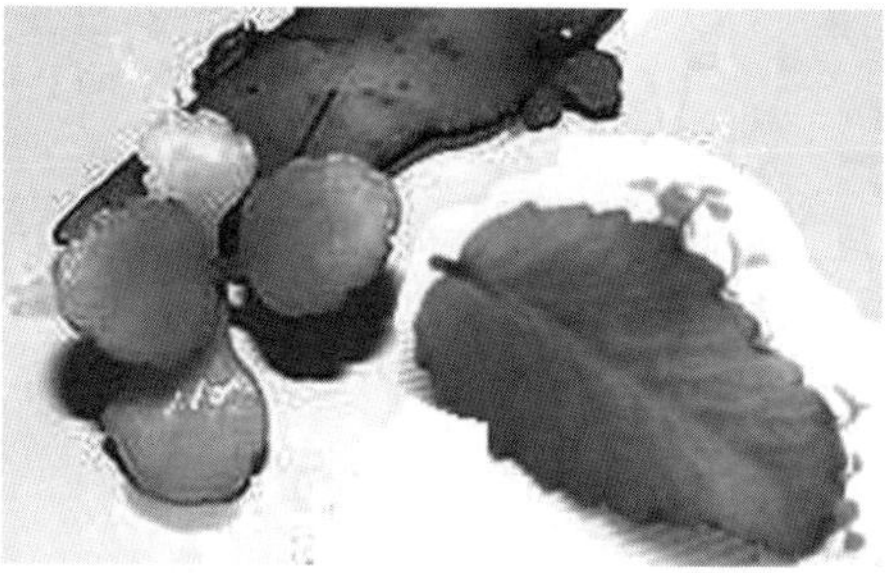

図1　ハカラメ

図2　セイロンベンケイソウ

終りに追加した線分の一部をもう一度詳しく書くように頼むと、用紙を改めて一輪の小さい花を描いた。

以上の三例を通覧してみる。第一例は花のいのちが夢を通じて人を包みこんでいる。第二例は花が花自身を越えることにより人が人らしくなる過程が示される。第三例は隠れていた花が表に現れることにより、人に希望を与えるのがよく理解される。

上述したこととは別に一つの臨床的興味のあったことを少々述べよう。それはあるカウンセラーの治療室で植木鉢に植えられたハカラメ（マザーリーフ）を初めて見たことだった。この植物は葉から芽が出て次々に成長して行くので、治療者とクライアントが共に新生して行く雰囲気作りに役立つとのことであった。ハカラメ（図1）は一種のクローン植物と言えようが、また別名セイロンベンケイソウ（図2）とも云われると教えて貰った。植物も葉の緑に多数の子苞が出来て次世代の株になるので、これを見て文豪ゲーテは花も根も葉から変形し出来上がるという葉原型の仮説を考えた。このことも一輪の花の美しさのみにとらわれずに根と共に、絶えず花全体と、すなわち花の部分より心の花と一体となる必要性を臨床的に教えていると思われた。

3　花のめぐりとそのおりおり

大正時代を共に生きた薄命の詩人金子みすゞの花の詩(4)を感銘深く思い出す。その童謡詩は北原白秋にも絶賛されたとのことだが、全集のうちの花のたましいの項には花を廻っての三〇編の詩が残されている。

散ったお花のたましいは、
み仏さまの花ぞのに、
ひとつ残らずうまれるの。

だって、お花はやさしくて、
おてんとさまが呼ぶときに、
ぱっとひらいて、ほほえんで、
蝶々にもあまい蜜をやり、
人にゃ匂いをみなくれて、

風がおいでとよぶときに、
やはりすなおについてゆき、

なきがらさえも、ままごとの
ご飯になってくれるから。

その他　木の童謡。

お花が散って　　　実が熟れて、
その実が落ちて　　葉が落ちて、

それから芽が出て　花がさく。

そうして何べん　　まわったら、
この木は御用が　　すむかしら。

以上の詩から彼女の感性が、花と人々のいのちの流転の響き合いを素直に捕らえ、しかも生き物のいのちをめぐる運命は因果のつながりの内に堅く閉ざされるのでなく、いろいろな縁により開けて新生すると歌う。すなわち因果のしがらみに縛られるカルマからも解放されると云う。

近所の家の低い垣根から底紅のムクゲが梅雨に打たれつつ顔を出して、ぼたりとこぼれ落ちてゆく。槿花一朝の夢、朝生暮死と云われながら、ムクゲは名の通り無窮であるのではなかろうか。またあでやかなスイフヨウも同じく一日花として私達の公園の隅でおりおりに朝ひらき夕方萎んでいく。しかし夏妖しく美しく現れたこの芙蓉の花が冬には果皮のみの実を残し、侘びた風情のある独特の枯芙蓉に変わり果てる。だが再び見事な薫華フヨウとして開花新生して行く。ここで「枯芙蓉カルマにそいしこのみかな」「芙蓉花無限放浪わがいのち」と花が語り出し、われわれのカルマの開けを指し示す。

四季を通じておりおりの花を見て居ると驚嘆することが多い。冬雪の路傍にたつスイセンは「まっすぐに寒耐え散らずノスイセン」「雪中花金銀杯とうけてたつ」であり、その勇姿は雪の清酒をうけて宇宙軸にそって堂々として屹立するように私達を誘う。夏には炎天下華やかさを競って酷暑をものともせず、茂った松葉様の葉の間から色とりどりの顔をもたげるマツバボタンの生命力は負けじこころを鼓舞する。「ガラス窓ツメキリソウの照りかえし。」

ユリのように天を向いて咲くモクレンは高貴な香りを発し、暗紅紫或いは白の二色に咲く。その高雅な風姿は頼もしくその上品さは天下一品と言えよう。道路脇に咲くモクレンを見上げては、その都度黙礼して通る。

枯れても葉が必死で枝に縋りついているフユカシワは大木になれば森の王者としての気迫に満ちている。木に残る葉は葉守りの神に守られていると云われる。カシワ餅から葉を剝がすとき畏敬の念をもって食べざるを得ない。詩吟で古陵の松柏天飈に吠ゆと歌う時一所不住の柏を念じる。

また、これと共に古代ケルトの宗教として霊魂不滅、輪廻転生を信じ、死の神を主としたドルイド（柏）教を思い出す。

4　花は時を呼ぶ

我が家の近くの池の辺りに不思議なブルーがかった色をして居るツルニチニチソウ（図3）が毎年五月頃から咲きはじめる。五弁の花の中央に正五角形の小さい花蕚があり大変魅力的である。しかもこの花がローマ時代の家々の庭にも咲いて居たと聞き、日常の今から二千年前の昔まで連れて行かれる。ベスビオ火山の噴火の時ポンペイではこの花も灰燼に帰したのであろうと思うと、我が身まで焼かれると云う変な連想をする。外にこの花はローマ時代より魔法使いのスミレ、死の花と呼ばれ、死刑執行前の罪人の首飾りとして、また祭壇に捧げられる動物にも添えられた。麻薬としての成分を含み、ガンの治療にも役立った[5]。こんな花を見つめていると時代を越えた魅力と気味悪さが同時に襲ってくる。

ムスカリの花粉がイラクの北部の洞窟にあった六万年前の死者の側から発見されたと云う[6]。人類最古の利用花の一つと云われるが、現在でも晩春に瑠璃色をして群生すると見事である。「かたまりてムスカリ古代の色はなつ」（青柳照葉）「ムスカリの瑠璃がふちどる天使像」（田島もり）と俳句に読まれる[7]。とにかくムスカリが超古代の原野まで想像させてくれるのは有り難い。

図3　ツルニチニチソウ

ハスの種子が千葉県検見川の弥生遺跡から大賀博士により採取された。二千年以上の大昔からの眠りから覚めて発芽した大賀ハスは現在のハスよりやや小ぶりのようだ。しかし今も変わらぬ清楚な薄紅色の花を観ると永くその生命を保っていたものだと感動する。いのちの永続性の秘められた一面をかいま見られたのが嬉しい。

万葉集では八〇種類以上の花が主題として詩歌に歌い込まれている。推古時代以前から奈良時代までに亙る三百年以上の間の古代の人々の豊かな感性の受け止めた感動が率直に表現されている。例えば現在でも野原一面を赤紫に染めるカタクリは万葉時代ではカタカゴと云われ「もののふの　八十をとめらが　汲みまがふ　寺井の上の　堅香子《カタカゴ》の花」と大伴家持が詠じている[8]。千年以上前の原風景を今見えるように、花が時を今に返す力に感服する。縄文時代を遡ってもずっと咲いていて、その色は当時の動物達の豊富な餌の標的になったであろう。

秋のある日大学のキャンパスに入るとイチョウの木の下に黄金に輝く絨毯が一面に敷き詰められていた。この木の落葉がこのような妙なる美観を醸し出すのに驚嘆した。白亜紀にイチョウが現れ恐竜が滅んだ後も生き残り現在まで一億年を生き続けたとのこと、イチョウが生きた化石と呼ばれるのは当然であろう。今改めてイチョウの葉に触れると、時の永遠の流れの内へと同化して行く不思議さが身に染みる。

ハス（padoma）とバラ（rosa）は人類の古代神秘思想を現代まで引き寄せる不思議な花となっている。[9] ハスは生命の母体である水と大地とが合わさった泥から生まれた生産力の象徴として賛嘆される。インドの身体神秘思想のクンダリニーヨガはその範例の一つであろう。シバ神妃の性力は蛇（クンダリニー）として尾骨の下にある四弁のハス（ムーラーダーラ、チャクラ）からナディ（中脈）にそって六つのチャクラ（各々ハスの数によって表現される生命エネルギー集積所）をそれぞれ通過上昇し、頭頂の千弁のハス（サハスラーラ、チャクラ）のシバ神と合体する。ここでハスの集合体が円満なマンダラになり生命体は完成する。仏教の無量寿経では、極楽に生まれたものは、蓮華化生としてハスの内に現れると云う。

古代エジプトハスは、ナイルの増水期に開花し、夕方に沈み翌朝水面に出て開花する。ハスは生命力、再生の象徴となり太陽神ホルスはハスから生まれたとされ、またミイラに献花された。古代ギリシャでは、ハスは食べると記憶を失う麻薬とされたことがある。またハス食い人（lotus eater）は放蕩三昧の人を指した。

チベットのラサの大招寺の門前で五体投地しつつ大勢の人々と共に「オムマニペメフム」を唱和した。正確には「オーム・マニ・パドマ・フーム」であり、その意味は「ハスは花の中の宝石」であり、繰り返しハスと共にこのように祈っていたことになっていた。[10]

西欧ではバラは花の代表であり、美と歓喜、喜びと青春の象徴として用いられてきた。白いバラは聖母マリアの純潔と霊的な愛を表し、一方美しい花は移ろい易く、carpe diem（時をとらえよ。楽しい内に楽しめ）は carpe rosas（バラを摘め）となり快楽主義を勧める。東洋思想の極楽がハスの花に呼応するに対して、西洋ではダンテの神曲の最後の場面が白い巨大なバラとなる。教会のバラ窓、天井のバラの飾りは、沈黙を誓う印とされた。バラの下に（sub rosa）話された内容は外に漏らさない、秘密裏と云うことになる。イギリスの十五世紀に起きた王位争奪（赤いバラと白いバラ）の王家同士の争いはバラ戦争といわれた。その後十七世紀の薔薇十字思想、十八世紀のフランス薔薇十字の騎士、ドイツ黄金薔薇十字団、十九世紀のイギリス薔薇十字会、二十世紀のアメリカの薔薇十字の古代秘密結社。このように西欧ではバラのマンダラの全円の内に十字が描かれる思想が現代に至るまで続いている。即ち薔薇のうちには縦軸にて古代秘教的思想と中世の神秘思想を表し、横軸にて改革思想を示し、この直交する二軸が十字として現れ、バラの花がこの十字をつつみ総合する大切な役割を演じている。

何れにしてもハスとバラが人類の宗教的文化史の流れを左右する程働いてきたことが注目される。

5　花の色と形

一、花の色

金子みすゞの詩

えらいお花はだァまって、じっとお空をみつめてる。
空に染まった青い瞳で、いまも、飽きずにみつめてる。
海は、海は、なぜ青い。　それはお空が映るから。
一日青空うつるので　お瞳はいつか、空いろの、
小さい花になっちゃって　いつも空をみているの。

造化の妙なる花は天上を見上げつつ、空のいろに染まるとみすゞは詠う。花は宇宙の青い気を吸って、そこからさまざまの色相を発現すると云うのであろうか。普通虹の彩色は赤、橙、黄、緑、青、藍、紫の七色に分けられるが、その各々の色は互いに滑らかに移行し、世界中から集められた百色余りの色名をもってしても表現し尽くせない。このために花は地上の虹、虹は天上の花と云われるのであろう。更に云えば花は生き物であり、元来その素質としてもっている色も咲く場所、時節により千変万化する。すなわち風土色、季節色があり、その都度人々の心情に共振する。例えば血の色ケイトウは朱夏を抜き白秋を呼ぶ。緑に輝くエノコログサにそよぐ風は頬に涼しい。サルビアの炎をむねに静かに静かに抱く。エニシダの黄金焦げつけば夏に入る。ヤブガラシ花のモモ色ミカン色をまねて酷暑に耐える活力を養う。サンシュユは春小金花、秋深紅の珊瑚実と光る二色に満たされ満足している。玄冬一月黙りと庭前に咲くツワブキの黄花は、つわの葉と照りあって堂々ヒトリポッチとなる。ホオの木、大山レンゲ、タイサンボク等のモクレン科の白花木は天上を向き気高い姿に加え葉もたっぷりして、特に匂いがよく花の色に得も言えぬ高貴さを与えている。

サンシキスミレ（パンジー）は同じ花の中に赤、黄、青の三原色が現れるので注目される。この花の色合いと中心部にある線状模様の二つのパターンからチョウが舞うのに似ているので胡蝶花、遊蝶花といわれたり、また蕾がうなだれて上がってくるのが人が頭を垂れて考える姿に似ているので、フランス語の pensée からパンジーと命名された。花の彩りが人の感性に直接に働きかけ、種々に連想させる例は多いが、これはその典型例の一つであろう。その外に近所のテニスコートの回りの小高い丘にオシロイ花が群生して、一株の中に赤、白、黄色のいろいろな色を咲かせたり、花によっては三色の絞りのように咲く。毎日夕方より咲き始め四時花と云われ、その側を通る毎に三色咲に不思議に注意が向く。花の間から時に黒い小さなタネが顔をみせ、つぶすとなかからオシロイのような白色の粉がでてくる。妹達がそれで遊んでいた幼少時代を思い出し懐かしい。

白と黒は究極の色といわれる。白は他の色を少しでも混ぜると白でなくなるし、黒は総ての色を混ぜればできる。夏季には白い花が多いが、黒い花はどうであろうか。アネモネの芯が黒いのが気にかかる。アネモネはギリシャ語のアネモス（風）を語源とするという。ギリシャ神話[11]では没薬の木から匂うような美少年アドニスが生まれる。アフロディテは彼を自分の愛人とするが、冥府の女王ペルセポネも彼に目をつけ二人の女神は争う。ゼウスがこの二人を仲裁する。しかしアフロディテの前からの愛人であったアレス（戦争の神）が嫉妬して、自分が猪に変身しアドニスを鋭い牙で突き殺す。その傷から流れた血をアフロディテが赤いアネモネに変える。赤い中心部に嫉妬の血が黒く固まったと云われる。要するにアネモネの芯の周囲の黒い箇所はここから黒い風が花の内へと吹き抜けた跡であろうか。黒色は何か不吉の色といえる。花そのものの在り方を散華せしめて行くブラック－ホールを黒色で表しているのかもしれぬ。「神疑う日やアネモネの芯黒し」（須賀一恵）という俳句があるが、絵画療法中に黒で患者の罪業感を表現することあり、この句の深層表現にも頷ける点がある。

最近黒いチューリップもつくられたと云われるが、それにもまして不可能ということの代名詞であった青いバラがこの地球上に初めて登場したのがショックであった。バイオ技術により青いパンジーから青色色素を作り出す遺伝子を導入して、バラの花弁に青色色素のデルフィニジンを蓄積させて青バラを創成したと聞いた（サントリー）[12]。私がチベットの旅でラサよりシガツェへ行く途中、高度四千メートル近くの峠を越える辺りで青いケシ（メコノプシス・ホリドウラ）の空のような深みのある青色を見たのを思い出したが、造られた青バラの青色がこの青いケシの神秘的な青色になって欲しいと思った。また蕾から咲くにつれて色の変わる花、例えば黄色次いで橙色、時が経つにつれて、濃桃色や紫紅色と変わるコウオウカ（紅黄花）とかシチヘンゲ（七変化）（ランタナ）のような色変わりの花。この花は人の生まれてから死ぬまでの間のそれぞれの時期を連想させるし、また人格の七変化する症例にも対応するのを興味深く思い出した。

古代から現代までの花による色染は人々の心を魅了した。すでに古代エジプト王朝時代の墓の玄室内から紅花の種子が発見され、紅花で赤く染められた布でミイラが巻かれていた。被葬者の霊の慰め、再生を願ったのであろう。紅染めによる色の華やかさは格別で特に万葉の女性の憧れの色となった。紅花は夏に黄色い花を枝の頂きに咲かせたのち次第に赤みを帯びる。色染めにはまず咲いたばかりの黄色い花から摘みはじめるのでスエツムハナ（末摘花）が別名となった。江戸時代では赤染めの技術も発達し、紅花は庶民の花になった。「まゆはき（眉掃き）をおもかげにして紅粉の花」の芭蕉の句は紅花畑の壮観を彷彿させる。

ヤマアイによる美しい藍染めは紅染めと同じく万葉の女性には魅力的であった。平安時代に入りタデアイの使用が優勢になったが、藍染めそのものの評価は変わらなかった。しかし昭和の初め頃、私は一時母の生地徳島のある村にいたが、畑に植えられたアイが段々減って桑畑に変わりつつあるのを見た。藍色の成分のインジゴがアニリンから合成され、植物としての藍の需要が少なくなった為と祖母から教えられた。幼い心には時代の変わり目の印とまでは判らなかったが、当時何か悲しい気がしたのを覚えている。

ムラサキは万葉人にも今日の人々にも愛される染め花の代表になっている。赤紫色の根を集め、天火で乾燥、水で色素を抽出し、その液を何回も灰汁に浸し、かさね染めをし濃い紫色に染めあげる。一般には紫は貴い色と解されていて、上代では最高位の貴人のみに許されたと云う。万葉の頃野辺には一面にムラサキが自生していたのであろう。内に深く留めた女性の恋慕の情はムラサキに託して相手の貴人に伝えられた。何か風雅な情感のある光景が彷彿とする。また戦前は紫色の乱用は厳しく禁止されたのを思い出す。

ツユクサは道端や荒地などのいたる所で見られる雑草で、夏の朝早くから朝露に濡れ、青色の花を一斉に咲かせる。ツユクサは布地に青い染め付けが終わり水洗いすると完全に消える儚い色素のため、手描き友禅の下絵描きになくてはならない色となっている。平安文学では花の命の儚さと色の移ろいやすさが合わさって人のかりそめの恋心が歌われる(13)。

アカネは秋、淡黄緑色の小花が輪状に集まって咲く。花、葉、茎も赤色でないのに色は根から煮出す。古代から中世までの著名な織物九割の赤はすべてアカネ染めであった。夜明け前の東の空が、間もなく昇ってくる太陽で、次第に赤く朝焼けするところからアカネさす「茜さす」という枕詞が生まれたという。この赤色は固定色でなく時が経るにつれて連続して変わる色であることに注目したい。このような色に対する感性は日本人の特色かもしれぬ。(14)

二、花の形

花の形も種々あるがここでは便宜上次の四つに分けるに止める。花の原型的形態を探求する前段階の試みにすぎない。また純粋に花弁の形のみでなく、総苞、苞葉、萼、葉、茎、その他の関連器官を含めた全体の形を参考にする。

(a)　直立、一本立ちの花は宇宙軸に沿って立って頼もしい。花の例をあげる。

ネジバナ　　ねじれても何時も素直に咲く風姿に親しむ。

ツクシ　　真直に野趣を宿して伸びる姿に命を貰う。

カラスビシャク　半夏ぬきんでた仏炎苞の茎青し。

(b)　円形、球形の花は円満で心安らかにする。

ヒナギク　　デージはおひさまのおちょぼぐちの花。

キンセンカ　　ときしらず余光に輝く金杯の花。

ヒナゲシ　　谷風にゆられてそよぐいじらしの虞美人草。

(c)　十字型の花は何か思慮があって咲くようだ。

ツキミソウ　夜を待って咲く人恋しの宵待草。

ドクダミ　梅雨に咲く毒痛の白十字の苞花さわやか。

アマチャ　甘露の小雨に打たれて咲く花弁萼さえる。

センニンソウ　花後萼十字白く映え仙人の髭に似る。

(d)　Y字型　Yの下部点を中心として回転すると色々の花が生まれる。

イノコズチ　牛膝身につくにまかせし秋のすそ。

ハマスゲ　香附子の葉の青びかり身にしむる。

オキナグサ　花後の白羽玉は古老の白頭の如し。

6　花の交響曲

シタールのドローン弦から発する一音は私にとっては一音一神であり、この音には体の芯まで共鳴する不思議な魅力がある。同じように一花一神もあるであろう。もう既に自然に咲いた素顔の花でない一神の花が中心となり、花の交響曲は作られている。秀吉に請われた茶会において、利休は全部の朝顔をきって一輪の朝顔のみを残したと云う逸話がある。ここに生け花の神髄があり花が本当に生かされている。真（中国風）から、行・草に転じた日本の華道では一輪の花以外に色々の花の組み合わせが、特に花器のみならず周囲の生活環境に溶け込む。立てられた花（立華）は淡雅、清澄、飄逸な雰囲気に包まれるので、この道が総合芸術と云われる所以であろう。

偉大な禅の師家であり、書道、茶道の名人であった我が師久松真一先生(15)は生け花について一言述べられている。先生が宗教的と云われるのは今風に云えば霊性的と云うことだが、その真意は形なき自己であり、世阿弥の形なきまことの花に通底している所もあり注目される。以下の如く先生は、昭和二十七年の夏に講演された。

「仏前に供える花が宗教的な花であるというのは、表面的な皮相な解釈である。宗教的に活けられた花とは、我々の感覚的生活を浄化し、さらに叡知的美をも、もう一度浄化するようなものである。つまり、人間というものの小ささ、つまらなさといったものを感じさせる、人間性を否定する内容をもった、お花、それが、宗教的な花である。

しかしただ人間性を否定する内容をもつだけでない。新しい意味で蘇る。新しい喜びをもって来る。いわば人間の一切の束縛を脱せしめ、新しい生命、喜びを感じさせる。かくのごとき意味の花があって然るべきであり、そういった花こそ本当に宗教的な花と言えます。その花を見ることにより宗教的な心を呼び起こす縁になる花であります」。

要するに先生は芸術的な花の奥に更に宗教的花をみることを強調された。

7　花と云う生薬のあり方

臨床の場で生薬を使っていると、花の名のある生薬に出会うことが多い。また生薬を処方する場合漢名を使うが、和名にすると急に親しみが湧いてくる。例えば竜胆は中国名であるが、日本語でリンドウと云えば分かりやすい。一方リンドウの花を噛めば竜の肝の味の如く大変苦いので竜胆という漢名の良さもよく分かる。

このことを臨床例に即して述べる。例えば痰の多い咳をする患者に清肺湯という漢方薬の服用を勧める場合、その内に含まれている生薬に就いて説明する。キキョウ（桔梗）、アンズ（杏仁）、クチナシ（山梔子）、クワ（桑白皮）、ナツメ（大棗）、アミガサユリ（貝母）等の花とその根が成分であり、すべてに咳止め、去痰の効果あり、自然の贈り物に感謝し安心して服用できると云う。実際これらの大自然の薬草からの波動は、人の体の中の気力、血液、体液と共鳴しそれらの循環をよくし、病的症状の解消のみならず健康増進にも役立っている。

花の果たす治療的役割が中国医学的臨床の場でどのように果たされているのか。六臓六腑の機能の様相は、臓腑の気の虚実、陰陽のバランスに左右され、経穴（ツボ）を結び付ける経絡における気の循環の善し悪しは体調に影響を与える。

治療効果の目立った花の例をのべると、ボタンは肝の熱をとり、シャクヤクは肝気を整える。クチナシは三焦（体の上、中、下部にある臓器）の熱を下げる。ハルコガネバナは陰陽の気の不足を補う。ベニバナ、イノコズチは経絡の通しをよくし、ヤマイモは胃腸の消化をよくする。センキュウは血中の気薬であり、ハマスゲは女性の専薬になっている。我々の周囲近辺にはこのような生薬に満ちているのを知り、体の気と天地の気が交換している事実に直面して、人の命のエコロジー的在り方に驚嘆させられる。

何故草木花は絢爛豪華な色調を呈するのであろうか。その造化の妙に神秘的な感じさえいだく。花は草木の生殖器官であり、受粉の為に昆虫その他の小動物を引き寄せる目的があるからと云う。しかしこの目的論的な説明だけでは何か不十分であり納得できない。ゲーテの葉原型説の仮説に似せて、花色の花原型説を述べてみればどうであろうか。中国から取り入れ現代我が国でも展開しつつある気功の実践から考察してみよう。気功では生物は皆それ自身で気功していると考える。咽津功では人間の口の中で舌を内外に動かして溜まった唾液を胃ではなく丹田におろしていく。丹田で唾液を丹（薬）に変え、必要な時にそれを治療に使う。これは内丹気功療法の一種であろう。同じく花も内丹療法をしている。花の色に同調する宇宙からの周波に応じて花は自らのうちに細胞液をつくり、それを根の方に降ろして行く。そして根にその花特有な薬を造っていく。普通花は根に規定されていると考えるが、ここでは根の薬効は逆に花の色調に左右されることになる。従って、このことが花の色が多彩になる理由の一つとして納得できるかもしれぬ。

8　おわりに

花は限定された時分の花にもまして自在の花であり、時に応じ場に従っていつも自在に咲く。これこそ心より心に伝わる心の花と世阿弥は云う。ほんとの花は分かるものには分かる、分からないものには分からないという花の在り方の厳しさを教えているのであろう。花は私達に色々囁きかけてくる。我々も花を見て雑多なイメージにふけり、また色々な思いを抱く。しかしほんとうの花からの学びはイメージにおぼれ盲目になったり、またいろいろ考えすぎて空虚になったりしないことであろう。要するに花と我々が一体となり共に包越体（根源的主体）になることが一つのコスモロジーを深く生きることになると思う。

参考文献

（1）『世阿弥芸術論集』新潮日本古典集成、新潮社、一九七六年。
（2）松田司郎『宮沢賢治（花の図誌）』平凡社、一九九一年。
（3）福沢もろ『宇宙からの手紙』大和出版、一九九七年。
（4）金子みすゞ『金子みすゞ童謡全集』JULA出版局、二〇〇四年。

（5）Barbara G. Walker: *The WOMANS DICTIONARY of Symbols & Sacred Objects*, Harper&Row, 1988.
（6）湯浅浩史（文） 矢野勇（写真）『花おりおり』（その一、二、三）朝日新聞社、二〇〇二年。
（7）鍵和田秞子監修『花の歳時記（春、夏、秋、冬・新年）』講談社、二〇〇四年。
（8）西川康幸『万葉の花―小辞典』雄飛企画、二〇〇四年。
（9）山折哲雄監修『世界宗教大辞典』平凡社、一九九一年。
（10）吉田外司『花のヒマラヤ』平凡社、一九九四年。
（11）大林太良他編『世界神話辞典』角川書店、一九九四年。
（12）藤田雅矢『ひみつの植物』WAVE出版、二〇〇五年。
（13）西川廉行『万葉植物の技と心』求龍堂、一九九七年。
（14）大岡信編『日本の色』朝日選書、一九七六年。
（15）久松真一『禅と芸術』（久松真一著作集五）理想社、一九七〇年。

図1 http://aoki2.si.gunma-u.ac.jp/BotanicalGarden/HTMLs/hakarame.html
http://www.watergreen-shop.com/un-001x.htm
図2 http://aoki2.si.gunma-u.ac.jp/BotanicalGarden/HTMLs/hakarame.html
図3 http://okasoft.ddo.jp/hanazukan/picture bic/turunitinitisou.html

第四部　「言」の「花」

花が花開く・言葉が花開く

――「たま」をめぐる式子内親王／東直子の歌

斧谷彌守一

本稿は、「花が花開く」ことと「言葉が花開く」こととの間に、ある種の「相同性」(homology)がある、という、思い切ったテーマを扱っていく。先ず、ハイデガー、三木成夫、ゲーテ、フロイトに拠りつつ、このテーマについての理論的枠組みを略述し、次いで、その理論的枠組みに即して式子内親王、東直子の歌を検討する。紙幅の制約もあり、理論そのものについては概要のスケッチに留まらざるを得ない。

1　茎節の変容

このようなテーマを考えるようになった機縁はいくつもあるのだが、その一つに、ハイデガーが『言葉の本質』(一九五七／五八)で引用していたヘルダーリンの次のような詩句がある。夜の闇に包まれた世界に神々が到来することを歌った悲歌『パンと葡萄酒』第五節からの引用である――

人間はそのようなもの。宝がここにあり、贈り物として
神自身が人間のために手配しても、人間はその宝を知らず見ない。
人間は背負わなくてはならない、先ずもって。さてしかし、人間は最愛のものを名指す、
さて、さて、最愛のものに向かって言葉が、花のように、立ち昇ってこずにはいない。(1)

——「言葉が、花のように、立ち昇る。」このヘルダーリンの詩句において「のように」(wie)が使われている。「のように」が使われた比喩的表現は、一般に「直喩」(Vergleich)と称されるのだが、ハイデガーはこの表現を「直喩」と取るどころか、「隠喩」(Metapher)でさえもない、と言う。「言葉が、花のように」という言い回しを、ハイデガーは、言葉は花である、と文字通りに取ろうとするのである——

語《ことば》(Wort)が口の花(Blume des Mundes)、華(Blüte)と名指されると、言葉(Sprache)の響きが大地を孕んで立ち昇ってくるのが聞こえてくる。(2)

——ハイデガーがここで述べているのは、神によって創造された自然そのものが神秘的な象徴言語である、というようなことではなく、言葉は文字通り花であり、言葉が花として大地から立ち昇ってくる、ということである。

言葉が花であるとすれば、言葉が現れ出る仕方は、花が現れ出る仕方と同じである、ということになるはずだ。言葉が現れ出る仕方を、ハイデガー『言葉の本質』は、例えば次のように描写する——

またしても、言葉が、近辺(Gegend)に、近辺として現れ出る——大地と天空を、深さのほとばしりと高

さの力を互いに向かって‐近づけ（ent-gegnen）させ、大地と天空を世界諸近辺（Weltgegenden）へと規定する近辺として。(3)

――ハイデガーの言語論についてここで詳述する余裕はないが、「言葉が、近辺に、近辺として現れ出る」とは、言葉が物理的世界とは異なる別次元の「世界」を「近辺」として一挙に開く、ということである。言葉によって開かれる「世界」がここでは「世界諸近辺」と呼ばれている。この「世界諸近辺」は、後期ハイデガーが普通に用いる言い方では、「［世界］四重方域」（Weltgeviert、Geviert）に当たるものであり、この「世界」は天空と大地、神的なものたちと死すべきものたちが四重に重なる形で構成されている。物理的には遠く隔たったこれらの四者がこの「世界」ではお互いに近づき合い、重なり合う形で集まってくるのである。このように四者を集めるのが、言葉である。言葉は花として大地に根付き、天空に向かって花咲くことによって、「世界四重方域」を集めることになる。この非常に重要な考えには、「神的なものたち」（die Göttlichen）とは何か、「死すべきものたち＝死ぬことができるものたち」（die Sterblichen）とは何か、等の問題点があるのだが、本稿はそのような問題点には立ち入らない。本稿で問題にしたいのは、ハイデガーの「言葉＝花」論はあまりにも予定調和的であり、そこには、言葉、花がそれぞれに孕み得る生々しさが欠けている、という点である。本稿は、三木成夫、ゲーテ、フロイトに拠ってその生々しさを補いつつ、「言葉＝花」論を扱っていく。

先ず、解剖学者、三木成夫に拠りつつ、動物と植物の共通性と違いを概観しておこう。三木成夫は、動物の中に植物が居合わせていることを指摘し、動物の体が植物軸と動物軸から成り立っているとする――植物性器官・内臓系・自律神経系（autonomic nervous system）［植物神経系 vegetative nervous system］という植物軸と、動物性器官・体壁系・体性神経系［動物神経系］という動物軸である（図1）。

動物は自らの意志に従い自らの動物軸を使って餌、獲物の近くに動いていく。しかし、いったん口に入った餌

図１　二重の円筒構造　脊髄動物では体壁の筒から内臓の筒が〝鰓の首〟を覗かせ、両者が「鼻―尾」と「口―肛」に分極するが、外筒の腹壁筋は上陸と共に前後の両端が、舌と外陰の筋肉に分化し、食と性の営みに参加する（原図）。

がどのように動物自身のエネルギーになっていくかは、自らの意志のコントロールから離れ、自らの植物軸に任される。例えば、栄養分がやってくるのをひたすら待ち受けている小腸の絨毛は、自らは動けない植物のようである。内臓系は一般に、自分の動物的意志によってはコントロールすることができない。例えば、自律［植物］神経系によってコントロールされている血圧は自らの意志とは関係なく上がったり下がったりしている。

　三木成夫は、クラーゲスに倣って、動物が自らの意志で餌に近づいていく様態を〈「近」の感覚〉、植物が大地に根ざし天空に向かって伸びていく様態を〈「遠」の観得〉と呼ぶ。[4] 植物は大地に根ざし、地中から水分、養分を吸収し、天空に向かって茎葉を伸ばし、空気中から二酸化炭素を取り入れ、天空の光を浴びながら光合成を行い、天空に向かって花開き、次世代のために実を実らせ、大地に種を残し、自らは死んでいく。このように、植物は、四季のリズムを含む宇宙レベルの「遠」を感受しつつ、芽生え、花開き、死んでいくのである。このような「遠」のあり方は、大枠においては、ハイデガーの「世界四重方域」のあり方に通じるものだろう。

　三木成夫によれば、動物にも植物と同様な「節」の構造が見られる——

　それは、ともに、体軸に付せられた、一連の「節」の構造である。植物では、あの土筆《つくし》や、竹の節に、また動物では、あのミミズや背骨の節に、それぞれ見事な模様となって現われる、この分節構造［…］[5]

――この「節」の構造という発想は、ゲーテの植物形態学を淵源としている。植物の形態は、同じ器官が状況に応じて変容を遂げつつ「節」として積み重なって形成される、とゲーテは考えた。その場合の基本的単位が「節」、「葉を伴う一個の茎節」(ein Knoten mit dem Blatt) であり、この「茎節」が「節」として積み重なりつつ、順次、子葉→茎葉→花(萼→花弁→雄蘂→雌蘂)へと変容し、花開き、最後に結実することになる(図2)。ゲーテは『植物のメタモルフォーゼ』(一七九〇)で、次のように述べている――

> さて、植物は芽生え、花咲き、実をつけるだろうが、そこに関与しているのはいつもただただ同一の器官のみであり、この同一の器官が、多様な規定を受けつつ、しばしば異なった形態の下に、自然の摂理を実現するのである。茎において葉として拡張し最高に多様な形態を取った同一の器官が、次に萼において収縮し、花弁において再び拡張し、生殖器官において収縮し、最後に実として拡張することになる。[6]

――こうして、ゲーテは、「植物のあらゆる部分の根源的同一性(*ursprüngliche Identität*)[7]」に言及することになる。

ゲーテのこのような考えは現代の植物形態学にも引き継がれており、茎葉、萼、花弁、雄蘂、雌蘂へと変容していく

図2　茎節の形成　Ein Knoten mit dem Blatt 葉を伴う1個の茎節が人梯子をつみ重ねるように(folge der Knoten) 伸びてゆく模様を示すゲーテのスケッチ。(ワイマール版、第2部、13巻)

「茎節」の同一性は、現代の植物形態学では、「シュート」と呼ばれている。「葉を伴う茎節」は「栄養シュート」(vegetative shoot)、花へと変容したものは「生殖シュート」(reproductive shoot)と呼ばれる。現代の植物形態学では、「葉を伴う茎節」、つまり、「栄養シュート」のことを「茎葉」と呼ぶようだが、我々としては、「節」の考えを生かしたい場合には、三木成夫の「茎節」という呼び方を踏襲したい。

植物生理学者、田中修は、植物がつぼみになって花開くことが、自己の命を代償とする命がけの行為であることを指摘する――

無限に葉と芽をつくる能力をもつ芽は、つぼみになると、開花して種子をつくり、やがて枯死していく運命となる。つまり、芽にとって、つぼみを生み出すのは、子孫を残すために、無限に葉や芽をつくり続けて生きていく可能性を放棄することである。つぼみをつくり、花を咲かせるというのは、芽にとって、自らの寿命を縮めることであり、命がけなのである。(8)

――茎節は無限に積み重ねられ伸びていく可能性を秘めているが(挿し木の場合は、生殖を経ずに別の個体さえも造り出す)、茎節が花へと変容することは、次世代を産み出すために自らは死んでいくことである。

ここで、ようやく、「花が花開く」と「言葉が花開く」の相同性に触れることができる地点にまで到達した。同じものが拡張したり、収縮しつつ、一見異なった形態を取るという植物の節目構造は、無意識のイメージが連想によって変容を遂げつつ意識に現れ出る節目構造と相同的ではないか。次に、この点をフロイトに即して見ていくことにする。

『夢解釈』(一九〇〇[実際の出版は一八九九])における第一局所論(無意識-前意識-意識)と『自我とエス』(一九二三)における第二局所論(エス[無意識]-自我-前意識-意識[更に後に、超自我が加わる])との狭間にあった過渡期の論考『抑圧』『無意識的なもの』（いずれも一九一五）は、心の構造を考えるための重要な示唆を含んでいる。これらの論考によれば、抑圧は「原抑圧」（Urverdrängung）と「事後的抑圧」（Nachdrängen）の二種類に分かれる。

原抑圧は、幼児期の「衝動の［表象］代理［＝衝動を表象として代理するもの］」（［Vorstellungs-］Repräsentanz des Triebes）[9]が意識に受容されるのを拒絶されることであり、無意識に存続するこの表象代理によって無意識が構成されていく。この無意識の表象代理は、言葉によって整序される以前の「想念のかたまり」[10]のようなものであろう。その後、この無意識の表象代理を土壌として、制度的な言葉と結びついたイメージが現れ出るようになり、制度的な表象に浸透された「意識」が形成されていく。意識レベルの表象は、外界からの刺激を制度的な枠組みの中で処理していくことになるのだが、その際に、無意識の表象代理という土壌と意識レベルの表象との間に根本的な齟齬がない場合、無意識の表象代理という土壌は原抑圧されたままに異議を唱えず、意識の表象に心的エネルギーを供給しつつ、下支えの役に徹するのである。

しかし、無意識の原抑圧された表象代理は単に下支えの役を果たすだけではない。原抑圧された表象代理が心的エネルギーのまつわりついた「想念のかたまり」のようなものであるとすれば、そのような「想念のかたまり」はあらゆるものといとも容易に連想関係で結びつくことが想定される。こうして、原抑圧された表象代理が磁場となって、「事後的抑圧」、いわゆる「抑圧」の可能性が生じることになる。

耐え難い表象が存在し、意識へと浮上しようとして追い返される時、原抑圧された表象代理という磁場が、この追い返されてきた「抑圧されたもの」（表象）を引きつけ受け入れる。意識から追い出された表象は、「抑圧された［＝原抑圧された］［表象］代理との連想関係へと入り込む」[11]（傍点筆者）ことによって、無意識の住人となって生き永らえつつ、その心的エネルギーを意識に及ぼし続ける。抑圧された表象からの心的エネルギーの発散装置として、意識レベルに代替表象（Ersatzvorstellung）が生じる。

無意識の抑圧された表象が連想関係によって別の表象に取って代わられる場合に、その取って代わる方の表象が「代替表象」である。こうして、代替表象に代替表象が取って代わる連鎖が生じる――

代替表象と連想関係でつながった周辺全体が特別な強度でリビドーを充当される。[12]（傍点筆者）

――「代替表象と連想関係でつながった周辺全体」とは、代替表象の周辺にある新たな代替表象の辺りのことである。抑圧された表象と連想関係でつながっていた代替表象Aに、更に連想関係で新たな代替表象Bが生まれる。なぜなら、初めは、無意識の抑圧された表象から充当されるリビドー［心的エネルギー］を代替表象Aが引き受け何とか発散させていたのだが、発散装置としての代替表象Aが摩滅・消耗した結果、リビドー発散装置の役を代替表象Bが引き継ぐことになったからである。その結果、「代替表象［A］と連想関係でつながった周辺全体［代替表象Bの辺り］が特別な強度でリビドーを充当される」ことになったのである。この「代替表象［A］と連想関係でつながった周辺全体［代替表象Bの辺り］」は「張り出し部」Vorbauとも呼ばれる。[13]

この連鎖は、連想連鎖（Assoziationskette）であり、ある種の節目構造を形成する。継起する代替表象同士の間には、連想によるつながり（同一性）と、同語反復ではない連想であるが故の差異（変容）とが同居している。つまり、このような代替表象の節目様の連鎖には、同一の茎節が茎葉→萼→花弁→雄蘂→雌蘂→実へと、同一性を保ちつつ変容していく行程と同種の行程が生起しているのである。

無意識の抑圧された表象という種子が、ある種の同一性を保持しつつ（連想関係を維持しつつ）茎節を伸ばし、順次、変容を遂げていく――

衝動の動きが高まってくる度に、代替表象の周りの防御壁が一区画ずつ更に外へと移されざるを得ない。[14]

――代替表象の節目構造が外へ向かって形成されていき、代替表象の「張り出し部」が増殖してくる。こうして、代替表象の連鎖、代替表象の「張り出し部」、代替表象の節目構造は、植物において茎節が茎葉→萼→花弁→雄蘂→雌蘂→実へと変容しつつ天空へ向かって節目構造を形成していくことと相同的ではないか、ということになるのである。

代替表象の「張り出し部」は、外的刺激に対応する表象活動の先端部なのだが、抑圧された表象からのエネルギーの発散装置として生成する代替表象の連鎖、「張り出し部」は、外的刺激に適応しつつ（制度の枠組みの中で）自由自在に代替表象の花を花開かせる態のものではあり得ず、抑圧された表象のエネルギーが辛うじて流れることのできる凝り固まった隘路でしかあり得ない。そのような代替表象の「張り出し部」という茎節は、抑圧された表象に固着し乗っ取られ、抑圧された表象という「根源的同一性」に支配されているのであり、外的刺激の変化に柔軟に対応することができない。だからこそ、融通性のない強ばった茎節を積み重ねたり、逆に、壊れやすい一つの茎節にしがみついたりせざるを得ないのである。

例えば、フロイトの症例、狼男の場合、父親への愛という抑圧された表象に、やがて動物恐怖症、宗教的強迫行為などの代替表象が取って代わるが、それらの代替表象は常に、父親への愛という抑圧された表象の「根源的同一性」に支配されていた。

ユングの連想実験に関する講演『連想方法』（一九一〇）では、「ちび」（kurz）という「張り出し部」で身を竦め、逆説的な形で自己を守っていた男性の甲冑、「張り出し部」が、やがて、外界との界面を失っていく――

彼はついに性的不能になり、精神病に陥った。精神病の状態で彼は、自分が一人っきりであると思い込むと直ちに、何時間にもわたって、自分が大きく見えるように爪先立ちで部屋の中を歩き回って楽しむのだった。(15)

――「ちび」という自虐的な「張り出し部」、表象活動の袋小路的な先端部は、外界との接触を失い、抑圧された表象に完全に乗っ取られてしまっている。

このような場合、代替表象の「張り出し部」、表象活動の先端部は、一見活発に動いているように見える場合でも、無意識の抑圧された表象の「根源的同一性」によってがんじがらめにされており、やがて生命力を失い、(開花の後、種子を残して枯死していく場合とはまったく別の意味で)枯死していかざるを得ないだろう。

2 「玉の緒よ絶えなば絶えね」

百人一首にも収録された式子内親王(一一四九―一二〇一)の最も有名な歌に、次の一首がある。新編日本古典文学全集版『新古今和歌集』より引用する――

百首の歌の中に、忍《しのブル》恋を　　式子内親王

玉の緒よ絶えなば絶えねながらへば忍ぶることの弱りもぞする(16)

新編日本古典文学全集版の編者、峯村文人は、次のように現代語訳している――

わたしの命よ。絶えてしまうなら絶えてしまっておくれ。生き続けていたならば、秘めている力が弱って、秘めきれなくなるかもしれないのだよ。(17)

――ここでは、「玉の緒よ」が「わたしの命よ」と訳されている。

しかし、この初句は、例えば「わがいのち」などではなく、あくまでも「玉の緒よ」である。「玉の緒」が最終的には「命」のことを指し示すとしても、「玉の緒」という表現そのものの含み持つイメージを十全に汲み取る必要がある。「玉の緒」という表現が「命」の比喩的表現であると見なすことと、「玉の緒」という表現そのものの含みを十全に汲み取ることとは、まったく次元の異なる事柄である。前者は「命」を出発点にしつつその修辞・比喩として「玉の緒」という表現を選び取ったということであり、後者は「玉の緒」そのもののイメージから出発しているからである。

「玉の緒」は、小学館『古語大辞典』では、次のように記述されている――

①装飾とする多くの玉を貫き通す緒。②〈細く弱くて絶えやすいことから〉恋人に逢うことの少なさ、短いことのたとえ。③〈「玉」に「魂」を掛け、魂をつなぎとめておく緒の意から〉いのち。生命。[18]

――「玉の緒」の基本的意味は、①の語義、つまり、首飾りなどの玉を貫いてつなぐ緒〈長いひも、長い糸〉のことである。一般には、②③の語義は、①の本義からの転義ということになる。先の峯村の現代語訳は、「玉の緒」を③の転義の線で解釈しているわけだ。

だが、『古語大辞典』の③の記述は〈「玉」に「魂」を掛け、魂をつなぎとめておく緒の意から〉という形で、①の本義とのつながりを指摘している〈②も〈細く弱くて絶えやすいことから〉と本義①とのつながりを指摘している〉。このような本義とのつながりが峯村の現代語訳からは完全に抜け落ちている。我々は、転義はすべて本義そのもののイメージを生かすことによって初めて生じるものである、という立場に立っている[19]〈本義からの転義

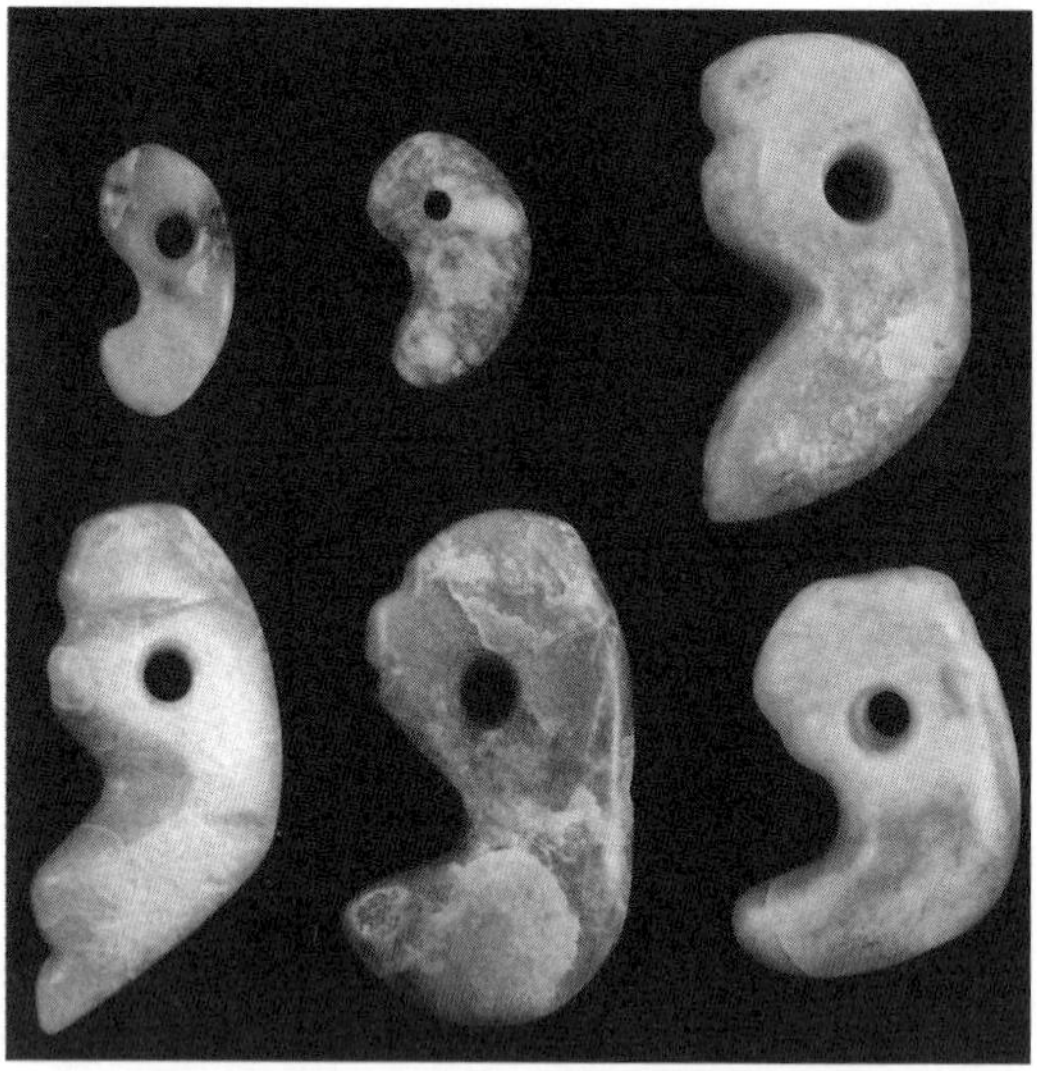

図３　縄文時代のヒスイ製勾玉［上—大日向Ⅱ遺跡出土、下—上米内遺跡出土（いずれも岩手県）］

の生成それ自体が、言葉の茎節構造・節目構造の発現である。本義から転義へと移行し、一見意味が変化しているように見えても、その言葉の「根源的同一性」は保たれている）。その場合、「玉の緒」の語義③「いのち。生命」は〈「玉」に「魂」を掛け、魂をつなぎとめておく緒の意から〉というイメージから生じたのだろうか。「玉の緒」のイメージは本当に、これまでの解釈が一般にそうしているように、魂を身体につなぎとめる緒というイメージなのだろうか。

今や自在に古代語の世界を遊歩する中西進は、「たまのを」を「曲《まが》玉（勾玉）のしっぽ」（図３）のことだと言う——

丸い玉にしっぽのようなものが付いている、あの長いしっぽこそが、「たま」や「いき」に永遠性を付与する「を」にあたるものでした。[20]

中西は、「玉の緒」のそのような具体的なイメージを提示しているにもかかわらず、「玉の緒よ」の歌を次のように現代語訳する——

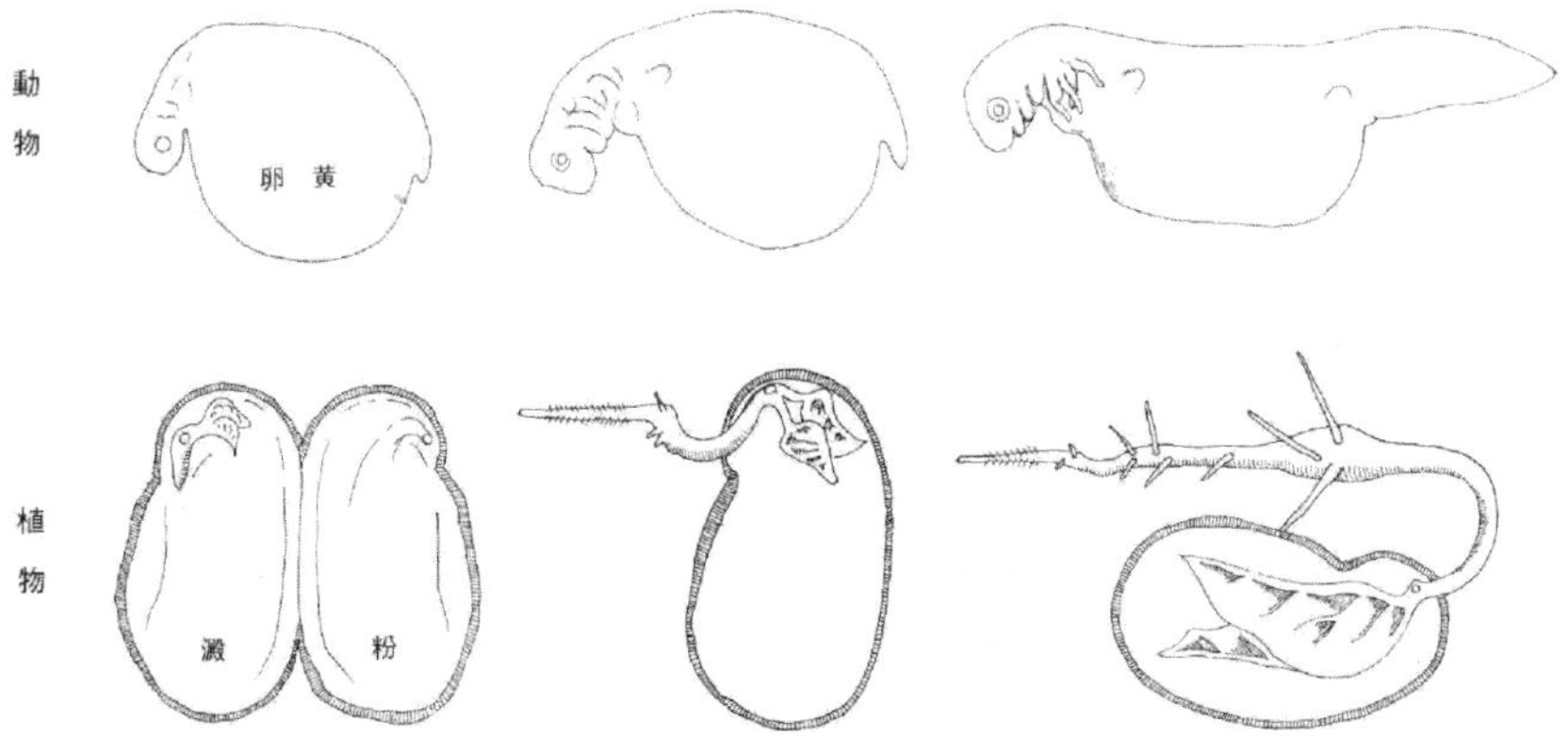

図4　植物の発芽と動物の発生　隠元豆と斑山椒魚が澱粉と卵黄を親の遺産の栄養源として、天地と頭尾の双極へ個体の形成を行なう。（隠元豆はゲーテ・村岡訳「ゲーテ全集」26　改造社より）

私の命よ、絶えるのなら絶えてしまえ。生き続けていると、心に秘めていられなくなるかもしれない(21)。

――「玉の緒」はここでも「私の命」と訳され、峯村とほとんど同じ現代語訳に行き着いている。

我々は、中西の指摘するような「玉の緒」の具体的イメージをこの歌の解釈に生かす必要があるだろう。その必要性があるのは、単に学問的な意味において、ではない。我々が式子内親王の歌を読む時、「玉の緒」という表現そのものが我々に触れ、鮮烈なイメージを喚起するからである（「玉」という語は言うまでもなく、「緒」という語も、臍の「緒」、しっぽの「尾」のような形で、現代語として生き残っている）。

水原紫苑は、「玉の緒よ」という初句について、次のように述べている――

一首の構造は、まず「玉の緒よ」で大きく主題を提示する初句切れ――これは末尾の「よ」も含めて実に効果的で、〈玉の緒〉という抽象具象あわせもつイメージが広がる。そして今までに見た春の歌や時鳥の歌同様、式子の現身を官能的に浮かび上がらせるのだ(22)。

――水原が、「〈玉の緒〉という抽象具象あわせもつイメージ」と言っているものの内の抽象的イメージの側面が、峯村や中西によって「私の命」と訳されているのである。我々としては、残りの具象的イメージの側面を、中西の言う「曲玉（勾玉）のしっぽ」の線でイメージしたいのである。勾玉の形は、胎児の形でもあり、植物の種が芽吹く形でもあり、いずれも命が芽生える形である（図4）。「玉の緒」は、命が芽生えて伸びていく勢いの形であり、水原の言うように、人間の命が芽生え伸びていこうとする「現身を官能的に浮かび上がらせる」。

その「玉の緒」に対して「絶えなば絶えね」と言われている。命が芽生えて伸びていく勢いに対して「絶えるのなら絶えてしまえ」と言われるこの命令的言辞は、命が芽生えて伸びていく勢いそのものの形である「玉の緒」に、「玉の緒」の性向に反する自己否定を無理強いしようとしている。このことを水原は、〈続く「絶えなば」と「絶えね」――見事に翼を開いて断崖から飛翔する〉と評している。(23)「玉の緒よ」で命が勢いよく伸びていこうとする様は、いわば、鳥が翼を開いて生命活動のために空へ飛び立とうとする姿勢である。「絶えなば絶えね」――飛び立つことが「断崖からの飛翔」、決死の「飛翔」、命の切断への墜落となる。

水原は、次に続く下三句「ながらへば忍ぶることの弱りもぞする」について、次のように評する――

そのあとの「ながらへば」――この散文的な五音を誰が予想しただろう。〈死〉から〈生〉へのまことに不用意な転調を敢えて行なう彼女には、自分自身に対する言いようのない冷酷さ、邪悪さを感じずにはいられない。飛翔した彼女は早々と墜落し、あろうことか、ぶざまに地に叩きつけられた自分を平然と見下ろしている。「忍ぶることの弱りもぞする」――七七の、あとへゆくほど間延びするテンポはまさしくそうであろう。それを許容できるのは、「玉の緒よ・絶えなば・絶えね」の世にも美しい弦の震えをみずから相対化して引きずり降ろせる、酷薄な精神ということになる。(24)

――この歌の水原の読みは非常に感度が高いのだが、〈そのあとの「ながらへば」――この散文的な五音を誰が予想しただろう［…］「忍ぶることの弱りもぞする」――七七の、あとへゆくほど間延びするテンポ［…］〉という評価は、この歌において「ながらへば」以下の下三句が持つ決定的な重要性を見逃しているのではないか。

この歌の「ながらへば」はそもそも、「生き続けていたならば」という意味に尽きるのだろうか。「ながらふ」の原義は「長く続く」であり、「生き続ける」は転義であろう。先にも述べたように、転義には必ず原義の「根源的同一性」が生きている。「玉の緒」に対して「ながらへば」と言われている。峯村文人の校注が指摘するように、〈「絶え」「ながらへ」「弱り」は、いずれも「緒」の縁語[25]〉なのであり、この点が上述の解釈ではまったく生かされていない。中西進は、「玉の緒」は曲玉（勾玉）の長いしっぽのようなものである、と指摘していた。「緒」（しっぽ）は「ながらへ」たり（長く伸びたり）、「弱っ」たり、「絶え」たりするものなのである。

「玉の緒」は永遠を目指して生長し、茎節を伸ばそうとする、つまり、「ながらへ」ようとする本来的な性向を有する（芽には「無限に葉や芽をつくり続けて生きていく可能性」がある、という田中の指摘を想起しよう）。にもかかわらず、ここでは、「玉の緒」が「ながらへ」ようとする本来的な性向に反して、「絶えなば絶えね」（絶えるのなら絶えてしまえ）と言われたのである。そこには、「玉の緒」の本来的な性向をめぐる壮絶なせめぎあいがある。

なぜ、そのようなせめぎあいの中にあって、「玉の緒」の本来的な性向に反して「絶えなば絶えね」と命令せざるを得ないのか。なぜなら、「玉の緒」がその本来的な性向に即して茎節を伸ばし、「ながらへば」、「忍ぶることの弱りもぞする」からである、というのである。

「忍ぶること」は、差し当たり、「恋を忍ぶ」「恋を心に秘めて耐える」ことを意味するだろう。すると、「ながらへば忍ぶることの弱りもぞする」は、差し当たり、「生き続けていたならば、秘めている力が弱って、秘めきれなくなるかもしれないのだよ」（峯村訳）、つまり、自分の秘めた恋、「忍ぶ恋」が世間に知られてしまい、そのようなことには自分は耐えられない、ということになる。

竹西寛子は、この歌の「忍ぶ恋」の詠み方にありきたりの「言葉の振り」を感じ取っている――

「忍ぶること」は、「古今和歌集」「伊勢物語」以来の「うたことば」であり、「忍ぶ恋」は、題詠の際の主要な題目の一つであった。(26)

――つまり、「忍ぶ恋」の詠み方がステレオタイプだというのである。確かに、題詞にも「忍恋《しのブル》」とあったのであり、「忍ぶ恋」は、現代のつい先日にまで伝承されてきたステレオタイプだった。

竹西寛子は更に、式子内親王のこの歌においては、「忍ぶ恋」というテーマをめぐって情と理の間に亀裂が走っていることを指摘する――

芯から忍びたくないという忍びの歌に空々しさを感じるのは、忍びたくないという願望と、実の情との関係に、何か無理があるにちがいない。この歌が、自分にとってずい分論理的な歌のように思われるのは、忍びたくないという願望が、忍ぶべきではないという当為の観念、いわば「理」に発しているにもかかわらず、実の「情」の方には当惑があり、そのジレンマを「理」に処理させているためではないのか。もし、忍びたくないという願望が、忍び辛いという「情」だけに発していたなら、この歌はもっと変った表情になっていたろうと思うのである。(27)

「玉の緒」が「玉の緒」である限りは、その性向に従って、「玉の緒」は長く伸びていこうとする。そのように「玉の緒」が伸びるより、絶えてしまった方がまだましだ、という究極の断念がここにはある。この切羽詰った断念は、竹西寛子の言う〈ジレンマを「理」に処理させている〉状態とは言えないだろう。むしろ、割り切って「理」のレベルの選択を行うという形で〈ジレンマを「理」に処理させる〉ことができないまま、ジレンマをジレンマとして抱え込みつつ極まってきた乾坤一擲の捨て身のうめき声である。乾坤一擲の自己放棄だからといって、ジレンマが解消するわけではない。この乾坤一擲の自己放棄は、己が命をあらしめるために、己が命を断ち切ってしまうという、ジレンマの極まりとして出現する。

なぜ、このような窮境にまで追い込まれたのか。なぜ、命の形である「玉の緒」が長く伸びていくことが、命を賭してまで拒否されるのか。この点を考えるための鍵を握っているのが、先ほど述べた「ながらへば」以下の下三句である。

「玉の緒」は本来的には、「ながらへ」ようとする自身の性向に従って、先へ先へと茎節を伸ばそうとする。「緒」は生命活動の先端である。だが、この秘められた恋は、「緒」を伸ばすこと、外へ向けて展開することを禁じられている。「緒」を外へ向けて無理やり密かに張り出してみても、そのような「張り出し部」という茎節は、緊張で凝り固まった隘路、強ばったガラス細工の甲冑であるしかなく、事態のわずかな変化で脆くも崩れ去っていく弱さしか持たないだろう。

このような状態で、この秘められた恋をどのように守る術があるのか。ここでは、茎節が「ながらふ」ことなく、つまり、強ばった茎節を張り出すことなく（拡張することなく）、「張り出し部」をできるだけ小さく抑えて身を縮めている（収縮している）に如《し》くはない。「張り出し部」をできるだけ小さく抑えて身を縮め、やがて来るかもしれない（来ないかもしれない）事態の変化に合わせて芽吹く潜在力を温存しておく方が、淡いながらも、希望が持てるというものだ。「ながらふ」ことなく待望の姿勢のまま凝り固まることによって、つまり、「忍ぶること」によって、待望を待望として温存すること——これは、植物において、種子が行っている業だ（二千年前の種が花開いた大賀ハスの例を参照せよ)。「忍ぶることの弱りもぞする」の「忍ぶること」は、ここでは、「恋を忍ぶ」「恋を心に秘めて耐える」という線のみで言われているのではない。「忍ぶること」は、ここでは、「緒」を伸ばして花咲かせることを断念し、生命活動の先端を切断し、身を潜め死を擬態することによって、命の潜在力を温存しようとする、ジレンマの極まり、不可能な所作なのだ。

「玉の緒」が「ながらふ」ことなく身を縮めていることによって、かすかな希望をしたたかに持続させること、そのような意味で「忍ぶること」——これが式子内親王の戦略だ。ここまで竹西の所論に反論してきたが、最終的には、式子内親王の歌にこのような逆説的な戦略を見て取る点においては(行程は異なるにしろ)、私の見方は竹西と一致することになる。竹西は書いている——〈内親王自身の心の運動の法則は、「忍ぶ恋」という制約において、むしろより強くあらわされる面がなかったとはいえないだろう〉[28]。このことは、水原の触れていた〈酷薄な精神〉にも通じるだろう。

生命活動の先端である「緒」を断ち切り、花開く可能性を遮断することによって、いつまでも「種子」であり続けること、つまり、「無限に葉や芽をつくり続けて生きていく可能性」(傍点筆者)の中に留まり続けること——式子内親王はこのような大いなる逆説の只中に身を置いている。このような「種子」にいつか、大賀ハスの場合のように、宇宙レベルの「遠」の恵みが訪れ、大地の土壌と天空の光が恵みとして差し出されることがあるのだろうか。

和歌は元々、五・七・五・七・七という節目構造の明白な歌の形式だが、この式子内親王の歌においては、「玉の緒よ」という初句が変容しつつ同一性を保とうとする、命がけの所作が演じられている、と言えるだろう。

3　「たましいなんて欲しくなかった」

式子内親王の歌から約八〇〇年を経て、現代の歌人、東直子（一九六三-）は次のような一首を歌っている――

怠惰なる少女じわじわ涙する「たましいなんて欲しくなかった」(29)

約八〇〇年の歳月によって隔てられてはいるが、奇しくも、式子内親王は「玉の緒」、東直子は「たましい」の語を使い、両者の間で「たま」（玉＝魂）の部分が一致している。そうはいっても、式子内親王の歌が緊張で張りつめていたのに対して、東直子の歌はかなり弛緩しているようにも思える。

東直子の歌の上三句は「怠惰なる少女じわじわ涙する」である。「怠惰なる」という初句によって、この少女が、凛と背筋を伸ばしているのでもないし、式子内親王の場合のように身を縮めて「忍ぶる」のでもないことが分かる。何か破局的な危機・事件が起きるのであれば、「怠惰なる」状態にあることはできないだろうから、「怠惰なる」は、一見平穏無事な「怠惰なる」日常性の存在を想起させる。式子内親王の場合とは違って、少女の「玉の緒」の先端はもやしのように長く伸びて、一見自由に、だらしなくゆったりと気だるい戯れの内に揺れ動いている様が想像されるのである。「怠惰なる」日常性は、手近にある刺激によって気を紛らわす感覚に浸っている、つまり、「近」に向かって触手を張り出し、「近」の感覚に浸っている。だがまた、「怠惰なる」によって、少女の「玉＝魂」の内奥は長きにわたる停滞の中にあることも見て取れる。

そのような「怠惰なる」停滞の中にある少女に、「じわじわ」、ゆっくりと新たな動きが始動し、ゆっくりと伝導し、浸透していく。「少女じわじわ涙する」――ゆっくりと開始された動きは、命（心身）の内奥から表層へと「涙」が滲み出てくる動きだった。ただし、「涙」が目の「涙」という実体として名指されているわけではない。言われているのは、「涙する」という動詞的な気配・動きであり、「涙する」の主語は「少女」であるのだから、「少女」の全体性、命、心身が「涙する」という運動に浸透されていくのである。「少女」の全身全霊、「玉＝魂」に、ゆっくりとこみ上げてくる一つの気配が生起しつつある。それは、悔恨なのか、反省なのか、怨嗟なのか、悲しみなのか、自棄なのか、希望なのか。

下二句は〈「たましいなんて欲しくなかった」〉であり、この下二句全体に引用符が付いている。涙している少女が主体として「たましいなんて」と語り始めるのではない。「少女」の心身にこみ上げてきたものが「たましいなんて」という語りになるのだ。「怠惰なる少女じわじわ涙する」という上三句全体に、引用符に入った下二句全体が対応する。

「…なんて」という言い回しに注目したい。「…なんて」は「などというもの」の口語的表現であろう。「たましいなんて欲しくなかった」は「たましいなどというものは欲しくなかった」ということになる。この「…なんて」によって、「たましい」が「こころ」「誇り」等と並んで世間で大切とされている既成の徳目であることを少女が承知していることが分かるが、また、かなり露骨に、自分とは関係のない事柄、距離を置かざるを得ない対象、侮蔑の対象であったことも分かる。この少女が端《はな》から「たましい」を相手にしていなかった状態が想定されるのである。

ここで思い出されるのは、一九九七年、少女たちの援助交際をめぐって話題になった、河合隼雄の次のような発言である――

人間を「体」と「心」に完全に割り切った途端に抜けおちてしまう大切なもの、それが「たましい」である。体と心とを裏打ちして「いのちあるもの」として、人間を生かしているのが「たましい」である、と考えてはどうであろう。(30)

――この発言に対しては、上野千鶴子、小浜逸郎等の批判があったようだが、ここはそのことを論ずべき場ではない。「…なんて」によって、河合の発言に見られる「たましいを大切に！」のような考えがあることを、少女が重々承知していたことが分かる。重々承知していながら、「たましいなんて」自分には関係ない、と少女は思っていたのである。

〈「たましいなんて欲しくなかった」〉は、一見、捨てぜりふ、自暴自棄、自虐の響きを帯びているように聞こえるかもしれない。しかし、「欲しくなかった」と、過去形で言われている。ということは、「たましいなんて欲しくなかった」過去の自分に対する後悔の念なのか。以前は「たましいなんて欲しくなかった」が、今は「たましいが欲しい」という、反省・悔悟の念の表出なのか。

あるいは、以前は「たましいなんて」と思っていたが、その「たましい」がどうしようもなく存在していたと気づかざるを得なかった、ということなのか。しかし、だからといって、今は「たましいが欲しい」と言われているわけではない。ここで言われているのは、あくまでも「たましいなんて欲しくなかった」ということであり、侮蔑の対象としての「たましい」への否定的情動（「欲しくなかった」）が存在していた、ということである。過去に「たましい」への否定的情動が存在していたことを確認することを通して、確かに、「怠惰」だった過去と訣別し、新たな自分に向かおうとする切なる更新への動きが始動しようとする、と感じられるだろう。だが、だからといって、それは、単なる後悔・反省の弁ではないし、ましてや、「これからは、たましいを大切にしよう」という新規まき直しへの決意表明でもない。

そこに生起してくるのは、「怠惰なる少女」に「じわじわ」と萌してくる新たな更新への動勢である。それは、「怠惰なる」という様態で一旦形作られていた「張り出し部」（表層的意識）がゆっくりと溶解し、心身の内奥から新たな動勢が立ち上がってくる気配を密やかに体感するということではあるまいか。それは、同じ東直子の

「ゆくところあるかと問えばあるという淡い乳房を底よりあげて」[31]に見られるような心身感覚ではあるまいか。この歌の場合も、「ある」と言われている「ゆくところ」が実際にどこにあると特定されているわけではない。それは、心身の内奥から一つの動勢が萌してきて、「淡い乳房を底よりあげて」という仕種をさせるように仕向ける、という、漠たる、だがまた、確かで切実な心身感覚であるだろう。

「たましい」というお題目めいた既成概念が求められているのではない。求められているのは、「玉＝魂」という心身感覚の内奥から立ち昇ってくる更新への胎動なのだ。それは求められている、のでもないのかもしれない。心身感覚の内奥から立ち昇ってくる更新への胎動は、むしろ、事後的に気づかれるのだ――「じわじわ涙する」現象が生じて初めて気づかれるのだ。

東直子の〈怠惰なる少女じわじわ涙する「たましいなんて欲しくなかった」〉というこの歌は、表面的には「少女」という三人称を使って歌っているが、実は、一人称の歌ではないか。必ずしも作者が正真正銘の「怠惰なる少女」だったというようなことではない。そうではなく、作者は、先ず、「怠惰なる」という初句を思いつき、次に、「怠惰なる」という属性を「少女」に仮託する――こうして始まった情動の流れからこの歌が生成したのではないか、ということなのである。作者は自分の中に「怠惰なる少女」を感じ始める。すると、自分の中に「じわじわ涙する」動きが立ち昇ってくるのを体感する。体感している「じわじわ涙する」動きが、そのまま〈「たましいなんて欲しくなかった」〉という言葉になるのだ。つまり、この歌は、最初は「怠惰なる」を「少女」に仮託することが作歌のきっかけになるのだが、その「怠惰なる少女」が自身の「玉＝魂」の中へ入り込み、自身の「玉＝魂」の強ばりが溶けて「じわじわ涙する」動きが始動すると、その動きがそのまま〈「たましいなんて欲しくなかった」〉という言葉になった、ということである。つまり、この歌は、歌が生成する過程がそのまま言葉となったものなのだ。

だからといって、この歌を素朴な実感主義で片づけることはできない。「じわじわ涙する」動きがそのまま言葉となった〈「たましいなんて欲しくなかった」〉という下二句には、その切実さとともに、明らかな批評意識が見て取れるからである。それが、先ほど触れた、「たましいを大切に！」のようなあからさまな説教めいた口舌に対する批評なのである。「なんて」という言い回しに、その批評意識が発現している。「じわじわ涙する」「怠惰なる少女」にとって、「たましいを大切に！」のようなキャッチフレーズは綺麗事・他人事であり、現に「じわじわ涙する」「怠惰なる少女」の中に萌していているものとは、およそ無縁なのである。

先ず、自身の全体的心身性としての「玉＝魂」がある。その「玉＝魂」に「じわじわ涙する」動きが始動する。その動きが「緒」を張り出そうとする。その最初の「緒」は、「たましいを大切に！」のようなお題目ではあり得ない。「怠惰」だった以前も、「涙し」ている今も、心底、〈「たましいなんて欲しくなかった」〉のだ。それは、お題目としての「たましいを大切に！」からは出てこない「玉＝魂」の動きである。全体性としての「玉＝魂＝命」からしか真の「緒」が伸びてくることはないだろう。

この歌は、「怠惰なる」という初句が変容しつつ同一性を保持する行程そのものである。その際、「怠惰なる」という初句は、「怠惰なる」の一見弛緩し停滞したと思える状態から、「じわじわ涙する」のゆっくりと様変わりする過程を経て、〈「たましいなんて欲しくなかった」〉という、否定的な呟きを介した切実な更新への動勢にまで至り、この行程を通して、逆説的なことには、「玉＝魂＝命」の切実さが極まるのである。〈「たましいなんて欲しくなかった」〉という切実な呟きはまた、「近」にかまけていた状態から「遠」へ向かおうとするかすかな気配を孕んでもいるだろう。

こうして見てくると、式子内親王の歌と東直子の歌は、一見対極にあるように思えたのだが、両者における「玉＝魂＝命」の切実さ、生命力のある「緒＝茎節」を伸ばすことの困難さにおいて、八〇〇年の歳月を経てなお、相通じるものがあるのではないだろうか。

（1）Hölderlin: *Brot und Wein* (1800), aus: Heidegger: *Das Wesen der Sprache* (1957/58), in: *Gesamtausgabe* (= GA), Bd. 12, S. 194.

（2）Heidegger: *Das Wesen der Sprache*, in: GA 12, S. 196.

（3）Heidegger: *Das Wesen der Sprache*, in: GA 12, S. 195.

（4）三木成夫「動物的および植物的——人間の形態学的考察」『海・呼吸・古代形象』うぶすな書院、一九九二年、二一八—二三三頁。

（5）三木成夫「動物的および植物的——人間の形態学的考察」前掲書、二一三頁。

（6）Goethe: *Die Metamorphose der Pflanzen* (1790), in: *Hamburger Ausgabe* (= HA), Bd. 13, S. 100.

（7）Goethe: *Der Verfasser teilt die Geschichte seiner botanischen Studien mit* (1817/28), in: HA 13, S. 164.

（8）田中修『つぼみたちの生涯』中公新書、二〇〇〇年、四三—四四頁。

（9）Freud: *Die Verdrängung* (1915), in: *Studienausgabe* (= SA), Bd. 3, S. 109.

（10）「想念のかたまり」という言い方は、村上春樹の「気持ちのかたまり」（『神の子どもたちはみな踊る』）という表現に触発されたものである。拙編著『リアリティの変容？——身体／メディア／イメージ』新曜社、二〇〇三年、五九—六二頁を参照。

（11）Freud: *Die Verdrängung*, in: SA 3, S. 109.

（12）Freud: *Das Unbewußte* (1915)，in: SA 3, S. 142.

（13）Freud: *Das Unbewußte*, in: SA 3, S. 142.

（14）Freud: *Das Unbewußte*, in: SA 3, S. 142.

（15）Jung: *Die Assoziationsmethode* (1910)，in: *Gesammelte Werke*, Bd. 2, S. 473.

（16）新編日本古典文学全集『新古今和歌集』校注・訳—峯村文人、小学館、一九九五年、三〇五頁。

（17）新編日本古典文学全集『新古今和歌集』三〇五頁。

（18）中田祝夫・和田利政・北原保雄・竹鼻績・江本裕編『古語大辞典』小学館、一九八三年、一〇二四頁。

（19）拙著『言葉の二十世紀——ハイデガー言語論の視角から』ちくま学芸文庫、二〇〇一年、一九二—一九四頁を参照。

（20）中西進『ひらがなでよめばわかる日本語のふしぎ』小学館、二〇〇三年、一〇二頁。

（21）中西進『ひらがなでよめばわかる日本語のふしぎ』一〇二頁。

（22）水原紫苑『空ぞ忘れぬ』河出書房新社、二〇〇〇年、一三三頁。

(23) 水原紫苑『空ぞ忘れぬ』一三三頁。
(24) 水原紫苑『空ぞ忘れぬ』一三三頁。
(25) 新編日本古典文学全集『新古今和歌集』三〇五頁。
(26) 竹西寛子『式子内親王・永福門院』講談社文芸文庫、一九九三年、一〇九頁。
(27) 竹西寛子『式子内親王・永福門院』一一一―一一二頁。
(28) 竹西寛子『式子内親王・永福門院』一一三頁。
(29) 東直子／木内達朗『愛を想う』ポプラ社、二〇〇四年、四八頁。
(30) 河合隼雄『日本人の心のゆくえ』岩波書店、一九九八年、一五三頁。
(31) 東直子／木内達朗『愛を想う』四一頁。

図版出典
図1　三木成夫『生命形態の自然誌　第一巻　解剖学論集』うぶすな書院、一九八九年、六七頁。
図2　三木成夫『生命形態の自然誌　第一巻　解剖学論集』四八頁。
図3　岩手日報社出版部編『いわて未来への遺産　遺跡は語る　旧石器～古墳時代』岩手日報社、二〇〇〇年、一二七頁。
図4　三木成夫『生命形態の自然誌　第一巻　解剖学論集』四五頁。

「理性」という徒花？——人間の危うさ

岩城見一

1　はじめに

　この小論は、「花の命・人の命」と題された、甲南大学人間科学研究所主催のシンポジウムにおいて口頭で発表された原稿に基づく。このシンポジウムは、阪神大震災から十年目を迎え、改めて「生命」の大切さとその意味とを考えるために設定された。滋賀在住の私は、あのとき震度4の激しい揺れに見舞われたが、自ら直接被害を蒙ることはなかった。だが、西宮在住の弟家族や神戸市内の従姉も自宅に大きな被害を蒙り、弟一家はライフラインの復旧まで、滋賀の私の家に同居し、その後さらに会社に近い京都に移り、弟の長男は約半年の間、元の家に戻るまで、友達から離れて滋賀、京都の小学校に通った。この出来事に出会って、この子が目にした光景や、それに伴う不安や寂しさ、そして移り住んだ土地の子どもたちや大人たちの暖かい思いやり、さらには元の家や小学校に久しぶりに戻ったときの安堵と、友達との再会の喜び、このような諸々の経験とそれにまつわる光景とは、大きくなっても、折に触れて心に蘇ることだろう。

　このような災害に触れて思い出したのは、震災のちょうど五十年前（一九四五〈昭和二〇〉年）の神戸である。この年の三月以後、阪神地方の市街地は、アメリカ軍の空襲によって焼け野原と化した。前年の十二月八日に神戸市垂水区霞ヶ丘で生まれた私は、ようやく目が見え、少しものごとの様子が理解できるようになったばかりであった。もちろん、このときの空襲のことはまったく記憶に残っていない。ただ、私の最初のアルバムには、祖母に抱かれた私の写真のそばに、父が書いた文章が残されている。そこには、須磨の山手にあった私たちの家からは、夜になると、夥しい数の焼夷弾が明るい尾を引いて市街に次々に落下していくのが見え、それを見た赤子の私は、奇声を上げて喜んだと書かれている。生まれて間もない私は、落ちてゆく焼夷弾の光に対して、あたかも花火でも見るように声を上げて反応していたようだ。このときの私には、それが悲惨な地獄絵であることは、理解できなかったのであり、だからそのような惨事は、「惨事」として私の心に傷として残ることもなく、流れ去ってしまったのであろう。

　このような経験、まだ「経験」と呼ぶことさえできないような経験からも、考えておかねばならない大切なことがらが浮かび上がってくる。あのとき私に現われ、それに対して私が反応したのは何だったのだろうか。それは、私にとってはまだ、人間の悲惨な死を目的として投下される「焼夷弾」の光でもなければ、人々を喜ばせる「花火」でもなかった。それはただ「降り注ぐ光の現象」に過ぎなかった。つまり私が反応したのは、糸を引いて落ちてゆく光の現象、まだ名前の付けられていない「イメージ（群）」に対してだった。まだ言葉が身についていない私は、この現象を、「焼夷弾」や「花火」だと判断し、それの目的や、それが及ぼす結果について推理する能力はなかった。だがそれでも私には、それが、他のものとは異なる、私を喜ばす「特殊なイメージ」として、それを受け取り、反応する能力はすでに備わっていたのだ。するとここに、「イメージ」の直接的な経験と、「言葉」を介したそれの経験とは異なるということが分かってくる。

　私が、あのような、本来なら恐しい光景を喜んだことについては、次のように言う人もいるだろう。すなわち、「あの時あなたは、空襲に実際に巻き込まれた場所にはおらず、ある程度の距離を置いて眺めることのできる、安全な場所にいたので、あのような反応ができたのだ」と。これも一理ある意見だろう。実際、テレビで十年前の震災を見ていた人々も、現場で実際にこの災害に襲われている人々に対して、あのときの私と同じように、距離をおいて見る立場にあり、その意味では安全であった。だが、この人たちはあのときの私のように、ただ「イメージ」に反応しただけではない。多くの人たちは、それが大変な「災害」だと判断できたのであり、だからテレビに釘づけになり、また即座に関西の親しい人に安否を尋ねる電話をかけ、そして多くの人がすぐに救援に駆けつけたのだ。

このような経験から、浮き上がってくるのは、「イメージ」認知能力と、「言葉」の能力との、差異と関係という問題だ。私がこの小論のタイトルを「理性という徒花?――人間の危うさ」としたのは、今挙げた二つの能力の差異と関係とは、きわめて微妙であり、そのためにそれについての理解には、しばしば混乱が生じ、それによって人間は、人間特有の過ちを犯してしまう可能性を最初からもっていること、このことが絶えず反省されねばならないと思うからだ。とりわけ人間が引き起こす「暴力」、個人のみか、小さな集団から、各種の社会、さらには民族、宗教、国家に至るまで、あらゆる領域にわたって今なお後を絶つことなく行われている「暴力」は、ほとんどすべて、この二つの能力の差異と関係との取り違えによって引き起こされている。自分の自分に対する暴力も同じだ。それによって人間は知らないうちに「心の病」へと引き摺りこまれ、出口のない暗い迷路をさまよい歩き、疲れ果てることになるのだ(この点については、岩城一九九七)。

2 「理性」という徒花(?)

ところで、「理性」とは実際にはどのような能力なのだろうか。『広辞苑』では八つの説明が見出せる。(1)「理性」を私たちの問題として考える上で、特に大切なのは、最後に出ている、「言語能力」という点、そして、この辞書ではヘーゲルに帰されているが、実際にはカントが『純粋理性批判』で示した「理性」と「悟性」との違いだ。

カントの用語を分かりやすく理解し直すなら、「理性」とは、言語・記号による「推理能力」であり、これに対して「悟性」とは、そこに言語が関与する場合でも、あくまで「感覚的現象の分別《ブンベツ》能力」だ。だから私は、「悟性」という分かりにくい概念を、「ブンベツ」、あるいは「識別」と呼ぶことにしている。

このように「理性」を「言語・記号能力」、「悟性」と訳されている能力を「分別《ブンベツ》」、「識別」能力として理解すれば、乳飲み子だった私の、上に述べた経験の特徴が理解しやすくなるだろう。

生まれて四ヶ月を過ぎつつあった私には、感性的現象（イメージ）を「識別」する能力はすでに備わっていた。要するに「分別（悟性）」は備わっていた。だから、まだ言葉の分からない幼子でも、特定の現象（イメージ）には反応し、またあるものには反応せずにやり過ごすことができる（例えば言葉がまだ分からない赤子にも見られる「人見知り」という現象も、「イメージ」識別能力、「音声」識別能力という、感覚に密着したレベルで働く能力に負っているだろう）。

ところで、わたしたちが諸々の現象を「識別」できるということは、身体をもった存在としての私たちには、感覚に与えられる現象を識別する諸規則が、システムとなって内在し、働いているということだ。私たちのうちでは、例えば、温度の差異を識別するシステムが働いている。だから私は特定の現象を熱いと感じ、別の現象を冷たいと感じる。色の識別や、触っている物の硬軟の識別等々、私たちは複雑で動的な規則システムに担われて、ものごとを受け取っている。それはほとんど無意識のレベルで私たちを動かしているシステムである。カントが「分別（悟性）」のこのような「規則」を「機能（Funktion）」、「働き（Handlung）」、「作用（Aktus）」と呼んだのは、カントはこのシステムの動的性質を知っていたからだ（例えば、A68, B93, B130）。

このような現象識別のシステムは、人間だけでなく、他の生物にも備わっている。この点で人間と他の生物とは同じである。異なるのは、システムの働き方、つまり識別能力の働き方である。だから、他の生物が識別できるもので、人間には識別できないものも多くある。逆のことも言える。だから、他の生物と人間では、現象への反応の仕方や、それへの適応力が異なるのであり、人間は人間的にしか現象を識別できない。人間だけをとってみても、年齢、環境、歴史、文化等々の違いによって、この識別システムの働きには差異が出てくるだろう。

このように、一方で人間は他の生物同様に、しかしまた人間特有の識別規則に従うかたちで、現象世界の中で生きている。しかし他方で人間は、自らが現に従っている規則を、それ自体反省し、意識的に取り出し、それを言語記号システムに置き換え、このような言語記号システムから現象世界を理解し直している。人間は、このような言語記号化された規則を現象に適用することで、世界を作り変えてもいる。これを行うのが「理性」という能力だ。だからそれは「原理の能力」と呼ばれる。(2)

この、言語記号的に構築された意識的な規則システム（「原理」）によって、例えば寒暖の差異は、温度として数値化され、それにしたがって現象（体温や気温とそれへの対処法等）が判定されることになる。最初に話題に出た「焼夷弾」と「花火」とは、ともに「理性」が現象の原理を探求することで作り出した、新しい現象、すなわち火薬から作られている。これが人間殺傷の原理（目的）に従って作られ使用されるとき、その一つが「焼夷弾」と呼ばれ、祝祭等で人間を喜ばすという原理に従うときには「花火」になるわけだ。当然、それらは使用原理を交換することもできるし、また状況によって、その使用原理は変わってしまうこともある。「花火」が凶器に変えられることもあれば、「焼夷弾」が「花火」のように喜ばれることもある、というように。

すでに「焼夷弾」や「花火」という「理性の産物」からも見て取れるように、「理性」はその使い方次第で、良い結果を生むこともあれば、悪い結果をもたらすこともある。一方で「理性」は、私たち人間を、現象に巻き込まれた状態（自然状態）から解放し、よりよい環境を形成してゆく可能性を開く、つまり「理性」（言語記号能力）は「文化形成力」になる。他方で「理性」は、自分の作り出した原理によって、現象世界を暴力的に破壊したり抑圧したりする側面を持ってもいる。すなわち自然や文化を破壊する力になる。「理性」には最初から、人間や世界にとって美しい「花」を咲かせるだけでなく、危険な「徒花」になってしまう可能性も含まれている。

このたびのシンポジウムのテーマ「花の命・人の命」もまた、「理性」を有する人間の、大震災という現象に反省を加えるときに出てくる、一つの人間的なテーマだといえる。「花の命」が思い起こされるのは、花という現象の、発芽―開花―結実―落果という植物の循環的な「規則」を、特有の生命現象として理解する私たちの「理性」の働きによる。この理性によって、花の命のはかなさが語られ、またそれが次代の花を準備する働きだと解されることで、命の永遠性が思い描かれ、それと類比的に、一人ひとりの人間のかけがえのなさとともに、類としての人間の命の永遠性が反省されることになるわけだ。

しかしまた「理性」は、上に指摘したように、過ちを犯す可能性を孕んでいる。理性が設定する世界は、上に指摘したように、あくまで言語記号によって成り立つ世界である。だからカントは、実際に感覚的に認識し経験できる「現象世界」に対して、このような言語記号のシステムに基づいて成り立つ世界を「理念」界と呼んだ。しかも、「理性（言語記号）」の世界で成り立つもの（「理念界」）と、「感覚世界」で成り立つもの（「現象界」）とは必ずしも一致しない。最初の言葉で言えば、「言語」と「イメージ」とは完全に一致するわけではない。例えば「無限の世界」は言語的には成り立つ。つまり言語世界では存在する。だが、それは感覚的に確かめることはできない。このような言語世界とイメージ世界との差異が忘れられ、言語記号によって想定される世界が、すべて感覚的に実在すると主張されるときに、理性の過ちが生じてくる。

カントはこのような過ちを「超越論的幻影（transzendentaler Schein）」と呼んだ（A295f., B352）。「超越論的」というのは、「理性」は人間の本性であり、だから理性の誤謬、すなわち「誤謬推理（Paralogismus）」もまた、避けられないかたちで人間が陥る、誤った経験理解という意味で、「超越論的」「幻影」なのだ。理性の生み出す「幻影」が、人間の本性に備わったもの、その意味で「超越論的」だということは、私たちが嘘をつく、あるいは嘘をつくことのできる存在だということから容易に理解されるだろう。嘘や詐欺とはまさに、言語で成り立つものを、そのまま経験的事実であるかのように装うことで、ものごとを正当化する働きである。ここでは人間は、言語世界と感性的実在世界とが異なる世界であることを知っており、この違いを利用しているのだ。

ところでカントは、「理性」が「超越論的幻影」に囚われる代表的な世界を三つ上げ、その構造を批判的に明らかにした。それは「心」と「宇宙」と「神」の三世界である。そのうち「心」の問題が、私たちのテーマに関わっている。というのも、このシンポジウムのテーマは、「心」のケアの問題と深く関わっていると思えるからだ。しかし「心」をどう考えるかはそう簡単ではない。したがって、カントの「心」の理論を概観することで、「心」の問題に批判的視点から接近すること、これがここでの課題となる。

3　カントの「合理的心理学」批判

カントは十八世紀の大陸合理主義哲学、いわゆるライプニッツ・ヴォルフ派の哲学に基づく「合理的心理学」に批判的考察を加えている。「合理的心理学」とは、心そのもの（「統覚」）の実在を前提し、そこから「心」の特性を「推理」する心理学を指す（Vgl. A343, B401）。カントに従えば、この心理学は、「心そのもの」（「統覚」）という、経験不可能な超越的概念（理念）を、実在する「心」とみなす点で、「誤謬推理（der logische Paralogismus）」を犯している。カントが指摘するように、「心」や「私」という意識（「自己意識」）は、いつも私たちの経験に随伴しており、だから私たちは、様々な経験をしても、それらが私の経験だと確信できる。このように、「心」、「自己意識」が常に私の経験に関わっているということからすれば、それは私たちの経験に先行する経験の条件、その意味で「超越論的なもの」ということはできる。ここから、最初から、経験以前に、「心」が実在するという考え方や信念が出てくるわけだ。カントが問題にするのはこの信念である。

「心」そのものの実在を唱える心理学が「合理的（理性的）」と呼ばれるのは、私たちの日常経験では分けることのできない心―身関係が、ここでは「理性」（言語記号）能力によって分けられ、「心」そのものが、説明可能な対象とされるからだ。つまり「合理心理学」とは、「理性」（言語記号）が設定した「心」をそのまま実在とみなすから、「合理（＝理性）心理学」なのだ。

ところで、先に指摘したように、「心」は「身体」という言語との関係において成り立つ概念である。だから、言語システムにおいては、「心」は「身体」（物体）とは異なるものとして無理なく設定（想定）できる。このようなかたちで想定される「心」が、言語システムを離れても、経験世界においてそのまま「存在」し、説明できると言われるとき、「誤謬推理」が生じてくる。このような誤謬推理に陥った「合理心理学」の主張を、カントは以下のような表にして示している。

「

1
心は
実体（Substanz）である

2
その質の点で
単純である

3
それが存在する様々な時間の点で
数的に同一的である。つまり、単一（Einheit）である
（数多性　Vielheit ではない）

4
空間中の可能な対象への
関係の内に［実体として（カントによる補遺）］存在する

純粋な心の教説（心理学、Seelenlehre）のすべての概念は、これらの要素から、専らそれらを合成することによって出てくる。他の原理はまったく認知しない（A342., B402.)。」

この「誤謬推理」は、人間が理性をもつ存在であり、そしてこの理性を働かすがゆえに犯してしまう、それゆえに理性にとって「本性的」な、その意味で「超越論的」な「誤謬」である。実際今日でも、あたかも「心」がそれ自体で存在するかのように、「心」の問題は語られ続けている。かつて「神学者」、「聖職者」がもっていた「心」の問題に関する権威は、今では広い意味での「心の理論」に移ったかのようだ。それだけ「心」の実体化は、私たちが「経験」について考える際の、「自然」（本性）的な枠組になってしまっている。

カントは、上の表に従って、「合理心理学」の「推理」する「心」を次のように描き出している。この場合も「関係」「質」、「量」、「様相」のカテゴリーに照らして、その特徴はまとめられる。その箇所を、注釈を加えつつ要約しておこう（［　］内の注釈によって、言語で考えられたものが、なぜ言語の外でも存在すると主張されるのかという、私たちが犯しやすい過ちの構造が炙り出されるだろう）。

1から「実体」としての「心」には、「非物質性 Immaterialität」という観念が与えられる。この「実体」は、「単に内感の対象」であるから。［「心」は、「身体」という、眼に見え、触ることのできる有限な物質的存在、つまり「外感の対象」（＝私の外部にあるものとして認知できる現象）とは異なるものとして設定されるから、それは「内感の対象」、「非物質的なもの」という言語で特徴づけられることになる］。

2から、「心」には、「不朽性（Inkorruptibilität）」という概念が与えられる。「心」は「単純な実体」であるから。［「心」は、「身体」という、有限でそれゆえ朽ちてゆく諸物質の集合体とは異なるものとして設定されるから、「不朽」で、「単純」だということになる」。
3から、「心」の「人格性（Personalität）」という概念が出てくる。それは、経験時間に左右されない「同一」的な「知的実体」であるから。［「心」は、「身体」という時間的に変化する有限な感覚的物質的現実存在とは異なるものとして設定されているから、「知的」（＝非感覚的）で「同一的」で「不変」だと主張されることになる」。
これら三つが「合成」されると、「霊性（Spiritualität）」の概念が出てくる。［「霊性」は「物質性」という語と対立するものとして設定される語だから。］
4からは、「空間」における「諸物体［身体 Körper］との交通（Kommerzium 相互作用）」という概念が「心」に与えられる。［「心」は最初「身体」とは異なるものとして設定されるために、次にはそれの「身体」との「関係」（「交通」）を考える必要が出てくる。］
「これによって純粋心理学は、この思惟する実体［心］を、物質における生命の原理として思い描く。すなわち、この実体を心（魂 anima）として、生気性（Animalität）の根拠として表象する。この生気性は、霊性に限定されれば、不死性（Immortalität）となる」［「心」は、「身体」という有限で、死せる物質の集合体とみなされるものとの対比で思い描かれるから当然このような結論が出てくる］（A345, B403）」。

以上注釈をほどこした箇所から「心」とは何かをまとめるなら、次のようになる。

「心」とは、実際に目に見える「身体」を基準にし、それとは異なるものとして立てられた「観念」である。だから「心」はいつも、「身体」を特徴づける用語（「物質性」、「有限性」、「変化するもの」、「死滅するもの」、「消滅するもの」、「多くのものの合成」すなわち「不純なもの」等々）と対立する用語で語られてきた。

このことからはっきり分かるのは、「合理的心理学」は、「魂」の不滅という伝統的な宗教観につながっているので、神学的心理学だということだ。この心理学は、「超越論的統覚」（心そのもの）という、無規定な概念を超越的なものとして実体化することで人間を説明する。「われ思う」という、私たちの経験にいつも随伴する意識、経験からはじめて炙り出されてくる私の「同一性」が、経験の「根拠」として実体化されるのだ。

このような「推理」が容易に起こるのは明らかだろう。なぜなら先に指摘したように、私たちの経験には、いつも私の意識（「われ思う」）が随伴しているので、この「私の意識」をすべての心理現象の「根拠」だと「推理」するのは、いわば自然なことだからである。こうして「心」の理論は世に受け入れやすい理論（「常識」）として流通することになるのだ。

ここに生じているのは、経験的自我を離れた「心」の実体化である。心は身体の死後も、存在し続けるという信念、この言語に基づいて思い描かれるにすぎない存在（「理念」）が、そのまま実際に確認できるような真理として主張されることになるわけだ。カントが「人格性」によって念頭に置いているのは、キリスト教神学の「ペルソナ（persona）」に由来する、心の「同一性」である。カントは、このような神学的伝統を継承している心理学を批判することを通して、意識的無意識的に神学的伝統の名残をとどめながらも人間を論ずると称する、当時力をもっていた学問の根本的誤謬を明らかにしようとしている。

ただ、ここで一旦歩みを止めて考えておくべきことが一つある。

「心」は「身体」という、一つの物質存在に対して立てられた概念（言語）である。だから、このような言語関係を離れた、あるいは言語関係の外部に、「心」それ自体が「ある」とは言えない。このことは、理論的には理解できるだろう。ところが、私たちは今でも、例えば親しかった人や、愛した人の、あるいは逆に憎むべき人間の「心」を、彼／彼女らの身体が滅した後でも、しばしば思い浮かべる。その意味で、「心」は肉体の死後も生き続け、そして語られ続ける。これはどういうことなのだろうか。このとき生き続けている「心」とは、一体何なのだろうか。

私たちが思い浮かべ、また語るのは、彼／彼女によって為されたこと（Tat）、あるいは私が彼／彼女に対して為したことであり、また彼／彼女、あるいは私の行動によって生み出されたもの（Werk、広い意味での作品）である。私たちは、為されたこと、作られたものを通して、それを作った「主体」や作られた「主体」を思い浮かべている。為されたこと、作られたものが、為した人、作った人を作っているのだ。心は、為されたことを通して、その都度浮き上がってくるのであって、このような行動を抜きにした「心」そのものなど存在しない。

この点で、「行動」、「作品」、そして特に「表現行為」が重要な意味をもってくるだろう。表現がなんらかのかたちで残されること、そして他人に受け取られること、このことによって、「心」は死後も生き続けることになる。カントもまた、没後二〇〇年たった今、ここで解釈を加えられることによって、つまり私の表現によって、『純粋理性批判』という作品（表現されたもの）を通して、ここに、生き返っているのだ。もちろん、恐らく、カント自身が思いもしなかったパースペクティヴの下で理解し直される、というかたちで。表現行為によって生み出されたもの、それが他者に受容され理解され、そしてさらに表現されること、このことが、「心」が死後も生き続けるということの真相ではないか。その意味でカントも生き続けている。それゆえ私たちは、人間の社会との関係を、生きているそのときだけに限定することはできない。為されたこと、作られたもの（作品）は受容されるごとに、社会に働きかけていくからだ。とりわけアートの社会的作用は、このようなものである。それは長い目で見た作用力として理解しなければならないだろう。今日流行の、短期で成果を挙げさせようという、きわめて効率主義的な政策や教育は、人間の最も大切な営みの一部分を看過し、抹消し、結局人間自身を暴力的に単純化するものなのだ。

いずれにしても、カントが主張しているのは、「心」は私たちの経験を離れたところにあるものとして実体化できない、ということだ。「合理心理学」の「誤謬」について、カントは語っている。

「ところでここ（上述の心の諸概念）には、超越論的心理学の四つの誤謬推理が関係している。この心理学は、誤って、われわれ思惟する存在の本性についての、純粋理性の学とみなされている。しかしわれわれがこの心理学の根底に置くことのできるのは、自我という、単純で、それ自体単独では、内容的に全く空虚な観念でしかない。このような観念は概念だとは言えず、すべての概念に随伴する単なる意識にすぎない。思惟する自我［超越的実体としての自我］、あるいは彼［そのような自我としての絶対的主体、つまり神］、あるいはそれ（物）［あらゆる「現象」の絶対的根拠としての「物自体」］によって表象される［思い浮かべられる］のは、思考の超越論的主語＝xでしかない。この主語は、それの述語である思考によってのみ認識されるのであり、われわれは、この主語についてそれが述語から切り離されたなら、なにも理解できない。だからわれわれは、その回りを常に堂々巡りするしかない（um welches wir uns daher in einem beständigen Zirkel herumdrehen）［そこでは同語反復しか起こらない］（A345f., B403f.［　］内筆者）。」

「われ思う」というあらゆる経験的意識に「随伴」する「超越論的自己意識」は、「超越論的主語＝xでしかない」というカントの言葉、この言葉の意味がはっきり理解されねばならない。xとは「経験の諸内容」、無限にあらゆるものが代入可能なものである。「私」という「主語」は一切のx（述語＝経験）を受け入れる、絶対に開かれた、それでいて「私」であり続ける、述語化できない主語（y）なのだ。もし述語化されたとしたら、そのときには、「超越論的自己意識」は「経験的自己意識」、つまり特定のxになって凝固してしまうだろう。カントが、「超越論的統覚」論を第一部にもってきたこと、そしてそれを経験的自我と区別するよう繰り返し強調していたことの意味は、今ここではっきりする。カントはこの点に触れている。

「私は、私の現実存在を考える際に、自分を判断の主語のためにしか使用できない。これは同一命題であり、この命題は、私の存在の仕方について何も開示しない（B412 注）。」

「合理的心理学」は、この「超越論的統覚（自己意識）」という述語化できないものを「実体」という「述語」で推理し、「心」を説明しようとしてしまった。ところが「実体」とは、一つの「カテゴリー」、すなわち「分別（悟性）概念」である。

これに対して、「超越論的統覚」とは、まさにこの「分別（悟性）」の「カテゴリー」、「現象（多様なもの）」を、かたちをもったものとして切り整え、私たちのその都度の経験を可能にしている「規則」（「機能」）の動的システムそのもの、その意味での「統一体」として「想定」されねばならないし、また同時に「想定」しかできないものである。それは、けっして「カテゴリー」で「認識」することはできないものなのだ。この取り違え、「カテゴリー」化できないものを「カテゴリー」化し、「実体化」していること、ここに「合理的心理学」の「誤謬推理」の根本構造がある。カントはこのことを第二版で明確に示している。

「…まったくの誤解が合理的心理学の起源である。諸カテゴリーの根底にある意識の統一、この統一が、ここでは客体としての主観の直観作用とみなされ、この主体の直観作用に実体のカテゴリーが適用されている。しかし、意識の統一とは、思惟作用（Denken）における統一でしかなく、それだけではいかなる客体も与えられない。だから、常に、与えられた直観を前提する実体のカテゴリー、これは、思惟作用という統一体には適用されえないし、それゆえこの主語［主体］はけっして認識されえない。それゆえ、諸カテゴリーの主語［主体］は、それがこれらを思惟するということを通して、それ自身について、カテゴリーの一客体として、概念を手に入れることはできない。諸カテゴリーを思惟するには、カテゴリーの主語［主体］は、自らの純粋自己意識を基礎にしていなければならない。ところがこの純粋自己意識が説明されておかなければならない、というわけである（B421f.）。」

「自我」としての「主体（主語）」は無規定である。「自我（主語）」が「自我（主語）」として成り立つのは、その都度の「述語」、すなわち「経験」によってであり、主語が経験を規定するのではない。西田幾多郎は、後期「場所」の論理で「述語」性を強調することで、「主観主義」を超えるが、カントは「自我」の無規定性をあくまで人間的経験の、それゆえ人間的自我の成り立ちの特質として捉えていた（西田については、岩城一九九八）。カントの考え方を分かりやすくまとめるなら、次のようになろう。

「自我」（主観）の「同一性」と言われるとき、それが意味するのは、その都度の経験に対して「私」は常に無規定な、これから「述語」によって限定される「主語」だということだけであり、不変の自我（主体）が厳然と「実体」として存在する、ということではない。つまり「自我」（主観）は、「実体」として「客観」化しうるものではない。それゆえ「自我」の同一性を幾ら分析しても、「人格」の同一性は出てこない（Vgl. B407ff.）。

「合理的心理学」においては、「われ思う」という単なる「思惟作用」が、「直観作用」（＝感覚的認知作用）と混同され、思惟作用そのものとしての「自我」が「直観」の主体として実体化されている[3]。

「合理的心理学」が「同語反復」的思惟であることは、構造的にも避けられないこと、このことは最早改めて示す必要もないであろう。「合理的心理学」は、「カテゴリー」化できないものを「心」と呼んでおきながら、それを無意識に「カテゴリー」で「推理」し、この、言語システムの中で推理されたにすぎないものを、「実体」として存在概念に変造しているわけだ。ここに生じているのは、「仮説概念」の「経験概念」との取り違え、「分析判断」と「総合判断」との混同、前者による後者の説明なのだ。

ただこのような「合理的心理学」にも、一つだけ注目しておいてよい側面はある。それは、「心（Seele）」の存在への注目である。これによって、人間の「心」が、すべて物理的「物体」、その意味での「身体」に還元できるものではないこと、このことは確保できるからだ。つまり、「合理的心理学」は「唯物論的心理学」への反論にはなりうる。

こうしてみると、「合理的心理学」と「唯物論的心理学」とは「アンティノミー（二律背反）」の関係にあることになろう。一方は、「心」は「身体（物体）」には還元できず、そこから説明し尽くせるものではない、と言うだろうし、他方は、「身体（物体）」を離れた「心」などない、と主張するだろうから。現代の議論に引き寄せるなら、心や脳の働きはすべて、例えばＤＮＡといったような化学物質に還元でき、そこから説明できるかどうか、という問題になるかも知れない。

この「二律背反」に対してカントはどのような立場に立つのか。このことはすでに明らかだろう。私たちは、経験的存在として、常に感性的身体的存在であり、だから、多様な現象を受容できる。だが、私たちは同時に、私たちの身体経験に即しながら、しかし私たちに内在的に働く特殊な諸カテゴリーに担われることで、経験の「統一体」であり続けている。この統一体としての私は、決して物理的に証明できるものではない。なぜなら、そのような証明、つまり「カテゴリー」による証明が成り立つ、それを可能にする「超越論的背景」として、「想定」されているのが「超越論的統覚」だからだ。これが今、「心」として実体化されてしまっているのだ。

しかし実際には、このようなかたちで「想定」できる「私」という「心」は、私の「感性的身体的存在」がなくなれば、同時に消えてしまう。だから、このような「心」を、身体的存在を超えた永遠の「存在」として「実体化」することはできない。そのような「魂の不死性」は、「想定」はでき、またそれを「想定」することで、私たちの有限な経験を反省し方向づけることはできる。しかしその場合「想定」される「魂の不死性」は、あくまで行動に際して、一つの指針を与える「理念」であって、それを「実在」とみなすことはできない。だから、「心」の問題において、「実践理性」の問題と、「認識論」の問題とを取り違えてはならない。これがカントの言いたいことなのだ。

この視点からカントは、メンデルスゾーンの、「魂の不死性」を証明しようとした心理学（Moses Mendelssohn: Phädon oder über die Unsterblichkeit der Seele. 1767）を批判している（B413ff.）。実際メンデルスゾーンは、ライプニッツ・ヴォルフ派の「合理主義哲学」の伝統を継承しつつ、まさに「合理的心理学」を展開したからだ。

「合理的心理学」の出発点に「単一」な「実体」としての「心」が前提されることに、「合理主義」の特徴が出ている。まさに「モナド」としての「心」である。このような、「身体」から独立の「単一体」としての「心」が前提されるために、必然的にそれら「単一な実体」の「交通」がやむをえず要請されるわけだ。実際に私たちの経験世界では、「心」の、諸々の「心ではないもの」、その意味での自分の「身体」をも含む、「物質的存在」としての他者との「交通」が否応なしに行なわれているからだ。

だが実際には、「心」は、「感性的身体的経験」から、身体には還元できないものとして、反省されることで想定されるのであり、また「心」が想定されるがゆえに、それには還元できないものとして「身体（物体）」が同時に想定されるのだ。つまり、「心」と「身体」とは、一つにはできないもの、一方が他方に還元できないものとして、しかし同時に、切り離せないもの、どちらを欠いても成り立たないものとして、設定された「概念」（言語的存在）なのである。

カントの立場から「心理学」の可能性を考えるなら、その「心理学」は、一方で「超越論的統覚」としての「自己意識」を経験的自我（その都度の「心」）が成り立つ絶対的背景として想定しつつ、その都度の感性的身体的経験に即して姿を取る「心」に具体的な反省を加える「心理学」だということになろう。この心理学においては、「超越論的統覚」としての「自己意識」を前提することで、いかなる経験的な「心」も絶対化されたり、絶対的な基準とされたりすることは不可能となる。また同時に、「超越論的自己意識」が経験の「背景」として想定されることで、この自己意識が実体化されることもなくなるのであり、経験の開かれたあり方が確保されることになる。すなわち、「心」—「身」関係を分離することなく、感性的身体的経験に即してその都度かたちづくられる「心」の具体的批判的な理論こそが、「心理学」の仕事になるのである。「批判的理論」だというのは、私たちはいつも、理性的推理によって「心」の実在についての「誤謬推理」に陥り、そこから「心」を理解し、また心を導いたり、コントロールしようとしてしまうからである。

カントは「合理的心理学」批判を次の言葉で結んでいる。

「心の身体（物体 Körper）との相互関係（Gemeinschaft）を説明するという課題は、ここで話題になっている心理学に元々属すものではない。というのもこの心理学［合理的心理学］は、この相互関係の外部（死後）にも、心の人格性があることを証明しようという意図をもっているからだ。それゆえこの心理学は、本来の意味で超越的である。たといこの心理学が経験の客体に関わるとしても、それは、この客体が経験の対象であることをやめた限りでのことである。それでも、このことに対して、われわれの学説は十分な答えを与えることができる。この課題が引き起こした難点は、周知のように、内感（心）の対象と、外感の対象とが同じ種類のものでないことが前提されている点にある。なぜなら、内感にとっては時間だけが、対象の直観の形式的条件に属すのだが、外感にとっては空間も属すからだ。しかし、対象のこの二つのあり方は、この点で内的［本質的］に区別されるのではなく、一方の対象［外感の対象、つまり身体］［eines, Erdmann: einer］が他方の対象［心］に対して外的に現象する限りでのみ、互いに区別される。それゆえ、物自体としての物質の現象の根底にある［と思われている、「内感」との相互関係から分離されたかたちで想定されている物（物質）自体としての身体という］ものは、おそらく［同じように相互関係から分離されたかたちで想定される心自体と］そう異なるあり方のものではないだろうということ［いずれも相互関係を度外視することで成り立つにすぎないものであること］、このことが考慮されるなら、この難点は解消する（B428.［ ］内筆者）。」

カントがここで言っているのは、経験の現場では「内感」と「外感」（「時間」と「空間」）とは本来的には分けられないということ、「時間」は「空間」における現象認識に即して現われ（感じられ）、逆に「空間」は時間的運動に即してイメージの背景として生成する、ということだ。だから空間内に場を占める「身体」という物質は、「内感」（心の働き、時間性）に即して「直観」され、また「心」は「身体」を介しての現象経験に即して、「内部」のものとして思い描かれる。したがって、このダイナミックな関係を度外視して、「外感」のみを取り出すなら、「物自体」としての「身体（物体）」が思考の上で出てくるし、同時に「内感」のみを取り出すなら、「魂自体」としての「心自体」が出てくるわけである。だが、それらは共に、心身の相互関係の捨象の結果としては、同じもの、つまり「抽象物」、その意味で虚構の存在にすぎない。別の個所でカントが用い、更に後になってヘーゲルが別の文脈で採用する言葉で言えば、〈心そのもの〉や、〈身体そのもの〉とは、「思考物（Gedankendinge）」、その意味で「フィクション」にすぎない。

事実ヘーゲルも、「心」という概念は、「身体」という概念との関係の中で成り立つものであり、この（言語）関係を離れた実体ではないことを指摘している（岩城一九九七）。この点でヘーゲルはカントを継承している。両者にとって重要なのは、「心」は「身体」との言語関係において、要するに「理性」によって、「設定」されるものであり、そのような関係の外部に存在するとみなすことはできない、ということだ。

同時に、カント、ヘーゲルの立場は「心身一元論」と同一視することもできない。「心身一元論」の立場では、心―身の実在的相互関係が想定されている。「心身一如」、「物我一如」がこの立場の目指すものであり、この立場にとっての「真理」である。だがカント、ヘーゲルからすれば、こういった「真理」観を成り立たせる先行的

（超越論的）枠組みを可能にしているものこそ、「理性」（言語記号能力）だということになる。「理性」が働かなければ、「心―身」の分離も、また相互関係も意識に上ることはないし、真理として掲げられることもないだろう。だから、「心身一如」という「真理」の真相（真理の真理、真理を暗黙のうちに支えているもの）は、「理性」（言語記号能力）なのだ。

4　結びにかえて

「心」とはなにか。それは諸機能のシステム、言語記号システムをも内蔵する、諸機能の動的システムだと言うことができる。このシステムの働きによって、特定の言語も意味を手に入れるのであり、このシステムから離されたら、一つの言語は意味を失ってしまう。だから「心」を「実体」といった一つのカテゴリー（言語）で説明することはできない。実体という一つのカテゴリー（言語）それ自体が、システムを暗黙のうちに前提することで成り立つのであり。それを成り立たせている当のシステムこそが「心」と呼ばれるものだからだ。だから「心」とは、特定の機能が働くごとに、それに伴ってそれを可能にしているものとして反省されてくるシステム全体のことである。「特定の機能が働く」とは、私たちが何かを「経験」する、ということだ。そして何かを経験するごとに、この経験を成り立たせているシステムも組み替えられていくだろう。これが、カントが「超越論的自己意識」（心）は、「超越論的主語＝x でしかない」と言ったことの意味である。経験ごとに心は新たに働き、システムは更新される。

このような絶えず更新されるはずの心のシステムが、その動的働きを止めて、過去の特定の経験の枠組みに閉ざされるときがある。このような特定の経験、特定の心的機能が突出し、固定され、これによって動的システム全体が機能不全に陥った状態、これが「心の病」と呼ばれるものの真相なのだ。このとき人間は「物」になってしまっている（岩城一九九七）。おそらくこの「心の病」の問題と最も密接に関わってくるのは「表現作用」であろう。というのも、先に指摘したように、「表現活動」こそが、私たちの「心」という動的システムの活性化、更新を可能にする活動だからである。

今、個人から国家にいたるまでの様々な世界で生じている「暴力」がどのような構造になっているかが明らかになる。「暴力」とは、心の本来的に動的で常に更新される開かれたシステムを、特定の状態に無理やり枠づけすることで機能不全に陥らせ、窒息させる行為なのだ。だからいつも、暴力を行使する者は、他人の「表現の自由」を禁じることになるだろう。表現は動的システムの活性化につながっているからであり、「暴力」行使者にとっては、自分が他人に強制し維持しようとしている特定の固定した枠組みは、「表現」を許すことで「崩壊」してしまうからである。「暴力」こそ、最も厄介な「心の病」なのだ。子どもの教育にもこの暴力は介入しているのではないか。親や教師は、これを絶えず反省しなければならないだろう。

表現活動は、心の更新、未来への開放（解放）に深く関わっている。だから、どのようにすれば「心」が表現活動に向けて開かれうるか、これに「心の病」の解決、「心のケア」の問題はかかっていると言わなければならないだろう。

（1）［「reason イギリス　Vernunft ドイツ」①概念的思考の能力。実践的には感性的欲求に左右されず思慮的に行動する能力。古来、人間と動物とを区別するものとされた。「—を保つ」「—を失う」②真偽・善悪を識別する能力。③超自然的啓示に対し、人間の自然的な認識能力。↓自然の光。④パルメニデスやアリストテレスにおいては、絶対者を認識する能力。⑤特にカントの用法として、ア・プリオリな原理の能力の総称。カントは理性が認識に関わる場合を理論理性、行為の原理となる場合を実践理性と呼んだ。⑥ヘーゲルの用法で、悟性［understanding 英語　Verstand ドイツ語］と区別された弁証法的思考の能力。⑦宇宙的原理。世界理性・絶対的理性などのようにいわれる。⑧ロゴスとしての言語能力。→【理性概念】〔 〕内筆者〕

（2）「分別（悟性 Verstand）」が、「規則の能力（Vermögen der Regeln）」であるのに対して、「理性（Vernunft）」は、「原理の能力（Vermögen der Prinzipien）」である（カント『純粋理性批判』A299, B356）。カント哲学における「感性」、「分別（悟性）」、「理性」については、岩城（二〇〇一）第一章。

（3）この点でシェリングは、カントの批判する「合理的心理学」に近づいている。

《テクスト》

I. Kant: Kritik der reinen Vernunft（1781〈A〉, 1787〈B〉）

《参照文献》

岩城見一「ヘーゲルの感性論（Äesthetik）—心の病を巡って—」『哲学研究』五六四号、一九九七年（岩城一九九七）。

岩城見一「西田幾多郎と芸術」岩城編『西田幾多郎芸術哲学論文集』（『西田幾多郎撰集』第6巻）、燈影舎、一九九八年（岩城一九九八）。

岩城見一『感性論エステティックス—開かれた人間の経験のために』昭和堂　二〇〇一年（岩城二〇〇一）。

甲南大学人間科学研究所　第6回公開シンポジウム

花の命・人の命——震災一〇周年を記念して生命（いのち）を考える——*

パネルディスカッション

二〇〇五年七月二四日（日）
甲南大学五号館　五一一教室
共催　兵庫県立淡路景観園芸学校

シンポジスト

田中　修（甲南大学／植物生理学）
岩城　見一（京都国立近代美術館／美学・芸術学）
高阪　薫（甲南大学／近代日本文学・沖縄文学）
浅野　房世（兵庫県立大学・兵庫県立淡路景観園芸学校／園芸療法）
川戸　圓（大阪府立大学／臨床心理学・ユング心理学）

（シンポジウム・コーディネーター　斧谷彌守一　甲南大学／言語論）

指定討論者

加藤　清（隈病院／精神医学）
斧谷彌守一（甲南大学／言語論）

司会

森　茂起（甲南大学／臨床心理学）

森　甲南大学人間科学研究所所長の森と申します。本日司会を務めます。

五人の先生方のテーマは非常に多方面にわたっていて、興味深く聞かせていただきました。司会としては、これをどうまとめていけるか少し不安でもありますが、議論を深めていくなかで、つながりを見出していければと思っております。先生方で言い足りない部分がもしありましたら、この議論のなかでつけ加えていただきたいと思います。

今日の議論を深めていくために、お二人の先生方に指定討論

＊　シンポジウムでは「震災一〇周年を記念して生命（いのち）を考える」が副題として用いられた。

をお願いしています。まずお一人目の加藤清先生をご紹介します。加藤先生は、精神医学がご専門で、戦後、京都を中心に関西の精神医学のバックボーンとなって大きな役割を果たしてこられました。現在も隈病院で診察をなさりながら、多方面にわたるテーマを探究し続けておられます。日本の文化について、とくに沖縄についてもご造詣が深いとお聞きしております。では加藤先生、よろしくお願いします。

加藤 今、紹介していただいた加藤です。もう年のせいで認症になっていますので、みんなが何を言うたか覚えていない(笑)。だから、今、頭は白紙ですよ。無心というと格好いいけど、無心に聞いておったということは、何も分かっていないということです。しかし、何か言えそうな感じもします。

戦争の話が出ましたが、僕はちょっと戦艦大和に乗っていたことがあるんです。僕の友達は戦艦大和で戦死しました。沖縄戦が昭和二十年四月一日から始まるんですけど、その前日、もう一人の友人は那覇沖で潜水艦と命を共にしました。一〇年ほど前からは、神人《カミンチュ》の研究をしています。沖縄へはこれまで四〇回くらい行ったでしょうか。沖縄の話が出たので感慨無量でした。

田中先生の話は、植物の葉っぱは夜の期間を測定して、それが一つの花の行動の原理になっているというものでしたが、それを聞いてゲーテを思い出しました。ゲーテが、花も茎も根も全部葉っぱから出たという葉原型の仮説というのを唱えています。何か元を探っていく。そういう考え方は面白いと思いますね。だから、今日のシンポジウムの「花の命・人の命」というテーマにも、非常に感慨深い気持ちを持っています。

岩城先生は、「理性は徒花である」と言われた。そう言われたら、僕はすぐ納得します。ハイデガーは、「人間は世界内存在である」と言ってますが、岩城先生は「人間はイメージのなかに存在する」と考えておられるんですね。そこから見れば、理性というものは徒花かもしれない。

僕らが戦争から帰ってきてまず読んだのは、ヤスパースの本です。まず、彼の『精神病理学総論』を読まんといかんかった。それからハイデガー。みんな実存哲学です。岩城先生の話を聞いて、ヤスパースの理性と実存とについて書かれた著書を一生懸命読んでおったことを思い出しました。今から六〇年ぐらい前の話です。人間は理性だけでは駄目なんだと。実存というものとおった。理性とは何かということを、実存哲学は言っておった。人間は理性だけでは駄目なんだと。実存というものと互いに補いあわなければ、理性は理性でないし、実存は実存でない。人間は神様から少し離れた分だけ本質から遠ざかっておるから、実存になっておる。だから、理性と実存を包括するもの、すなわち第三の包括者を考えてこそ、理性は理性であるし、実存は実存たり得ると。そういうことを青二才の精神科医として当時考えておったわけですね。

浅野先生は園芸療法の症例報告を出された。僕は精神科医になって六〇年。もういろいろやりましたよ。園芸療法も、もちろんやりました。どういうことが園芸療法になったかと言いますと、戦後すぐの頃、大学病院にいる患者さんを診ていました。二十三歳の女性だったと思うんですけど、彼女はいつも空を飛ぶ夢を見るわけです。その夢について、本人が「自分は性の問題を非常に抑え込んでいる。だからどうしても地上を飛び回らないといけないらしい」と言ったんですね。ああ、そうか、なかなかちゃんと自分の夢を解釈するんだなと思いました。そのうちに彼女の言ったことは、「空中を飛んでいるときにハッと下を見たら、病院に桜草が咲いていた。今までは降りようと思うとバーンと大地に頭をぶつけて、バンと飛び上がるという感じだったけれど、桜草を見たとたんに、あ、きれいだなと思って、すーっと降りられた」と。彼女はそれから何をすればいいか考えて、「花を育てよう」と思いはじめたわけですね。大学の庭は広くて畑もたくさんあったから、そこに花を植えはじめた。それがみんなの耳に伝わって、たくさんの患者さんが花を植えて楽しんだ。当時、園芸療法という言葉はなかったですけれども、そういうことがありました。

それからもう一人、分裂病——現在は統合失調症と呼びますね——の患者さんのことを思い出しました。これは、園芸療法というにはかなり長い時間がかかった。四十歳ぐらいの男性でしたね。発病のとき、かなづちをお母さんに投げつけて、お母さんは少しけがをした。それで、ものすごく深い罪悪感を持っておったんですね。入院中に、ちょうど花を育てる女性と親しくなって、いろいろ教えてもらって、「自分は木を育てよう」と考えたらしいんです。それで退院して、自分の家の庭に柿の苗を植えた。そのうちに両親は亡くなりました。両親に対してどうしようかと思っておったら、植えた柿がだんだん大きくなって、ついに実がなるようになった。「桃栗三年柿八年」と言うけれど、八年育てたら実がなった。その実を自分の亡くなった両親の霊前に供えた。そのとき初めて、やっと自分が本当に一つの世界に統合されていったと感じて、統合失調症の「統合失調」の症状がちょっと軽くなった。「軽度失調症」ぐらいになった。彼はずっと、柿の木の成長と自分の心の癒しとを重ね合わせて見ておったんですね。僕より年は上ですから、もう九十歳近くなっていますが、今もお元気です。

これは、自分のなかに栄養を取り入れてじっと待つ、ということですね。待つということは、どれほど人間を成長させることか。現代は、「待つ」ということをみんな知らないんじゃないかと思うんですね。八年間、実のなるまで待っとったというのは、素晴らしいことじゃないですか。それは、人間が本当に成熟するということです。柿にとっては実がなるということです。花の命と人間の命が共に成長していくという姿をまざまざと見て、植物から人間が受ける恩恵を、つくづく感じました。

それから、指導覚醒夢法というのを、僕らはよくやります。どういうふうにやるかというと、まず高い山を目の前に浮かべてもらう。その高い山に一緒に登っていきます。患者と一緒に自分も登っていくのが大事です。頂上に達したら、「あなたは頂上に達しました。今、あなたが立っているそこから、さらに登ってください。」「もっと手をかいて、足を振って、ずんずん登っていってください。」そうやってずっと登っていく練習を何回もやる。最初はうまくいかないけれども、だんだんできるようになる。患者のなかに両手をあわせて登っていく人がいて、「自分はロケットになった」と言うんですね。「そうや、ロケットや！　上にあがれ」と言っていたら、そのうちに、「私は何のために登っていたのかが分かりました。天の花をつかもうとしていました」と言われた。そのときに、「ああ、そうなんや」と納得しました。さっきの女性の方は天から地上の花を見たわけですが、この男性は大地から天に昇って、天の花をとった。花の持つ力というのを印象的に感じたわけです。まあ四〇年かそれ以上前のことです。

それから、沖縄文学をやっておられる高阪先生の海人《ウミンチュ》の話。『おもろさうし』というのは沖縄の万葉集みたいなものです。僕はそれを読みながら、神人《カミンチュ》の指導のもとで一〇年ぐらい勉強してきた。「沖縄神学について」という論文も書きました。もうじき本になると思います。そういうことを思い出させてもらった。島歌を聞いて感慨無量です。夕べは沖縄の石垣島出身の大工哲弘さんという人が来て、ずっと沖縄の歌を聞いていたんです。今朝の午前三時まで。電車がなくなって、しょうがないから京都から芦屋までタクシーで帰ってきた。みんなが心配してくれて、「無理したらあかんよ」と言われたけど、まあ沖縄の熱に取りつかれたんやね。さっき高阪先生が会場に沖縄の島唄を流しておられたでしょう。それを聞いているだけでもう体が動く。ここで踊ったろうかと思ったけど、錯乱状態と思われたらいかんと思って、やめた（笑）。

川戸先生は大切な話をされ、先生の情熱が伝わってきた。世阿弥という人はすごい人です。「秘すれば花」ということには非常に深い意味があるんですね。これを話したら一〇分では済まない。どう言ったらいいかな。「時分の花とまことの花を分ける」というのは、非常に大切なんですね。これをちゃんと知っておかないと、きれいに能はできない。これは非常に哲学的なことです。根本的には禅。『風姿花伝』の中に、六祖壇経を引用してある。禅の精神が満ちているわけです。僕の禅の先生は久松真一といいます。「秘すれば花」ということだけでも、考えても考えても分からんようになっている。「秘すれば花」というのは公案です。これが分かったら、禅がすべて分かるようになっている。花が分かればすべてが分かるというのが一番大切なことです。花とは何やとか、グズグズ考えていたらあかんのです。パッと言えんといかん。

そういうことを言えるから、世阿弥は能の大家になった。まことの花に自分がなるということですね。花になるということは非常に大切なことです。僕らは花というと見るもんやと思う。でも、「花を見る」んやなくて、「花が見る」わけです。自分を客体化する。花が見る、そういう自分になる。それが仏教の言葉でいう「言語道断」ですね。真理というのは言葉を絶する。本当の意味のノンバーバルということです。このことを花によって教えられる。室町時代の武士階級の人には、そういう素養がちゃんとあった。現代では、「秘すれば花」といわれてもピンと来ない。ピンと分かるには、魂の状態、心の状態がそういうふうになってないといかん。今日は川戸先生がものすごく熱を込めて、能の話をされたでしょう。あれは、やっておるうちに、だんだんトランス状態になるんですね。それで時間なんか問題でなくなる。川戸先生はうまいこと頭を下げながら、時間を延ばしていったね。あれはものすごくしたたかな女性のあり方、存在形式です。要らんこと言うてすんません（笑）。

森　ありがとうございました。加藤先生の万能選手ぶりが非常によく分かる討論でした。各先生方のお話にコメントを加えていただきましたので、それに対する反応や補足をお願いいたします。

田中　葉っぱが花や茎や実のもとになると、加藤先生がおっしゃったのはそのとおりです。植物のことを話題にする時、大抵花や実の話になるので、葉っぱはかわいそうなんです。今日は花がテーマなので、私も花の話をしましたが、本当は花を咲かせ、実をならせているのは葉っぱです。光合成という葉っぱの働きは、小学校、中学校のときに習いますので、何となく分かっているつもりになります。しかし光合成、つまり水と二酸化炭素ででんぷんを作ることは、どれだけお金を使っても、今の科学では真似できません。でも、そのことがほとんど知られていません。葉っぱの働きにも、目を向けてほしいと思いました。

加藤　人間は、元になるものを考えていくんです。現代人にとって、一番元になるのは何か。花の元になるのは何か。能ではそれが非常によく表現されている。能の「秘すれば花」はご名答で、一〇〇％それに答えているわけです。

森　ありがとうございました。今回のテーマはもしかしたら、「葉っぱの命・人の命」のほうがいいのかもしれません。次に岩城先生、お願いします。

岩城　加藤先生、どうもありがとうございました。先生がおっしゃった、ハイデガーとヤスパースの話はとても大切なことだと思います。しかし、私自身としては、もう少し自分たちの経験に近づけた形でとらえ直して、もっとやさしくやりたいと考えました。

私たちが実際に目で見たり耳で聞いたりしているイメージの世界と、言葉の世界との間には、多少の違いがあります。たとえば、「有限」「無限」といったものは、言葉のうえでは十分成り立つわけですが、無限そのもの、無限な存在、あるいは無限な空間といったものを、私たちが生きている世界のなかで感覚的に経験しろと言われても経験できない。ところが、言葉に慣れてしまうと、なにか無限なものが実際に存在して、それを私たちが経験できるかのように勘違いしてしまう。そして、それを人にも強いてしまう。このことは、たとえば間違った新興宗教のなかではいつも起こっていて、人間の経験や心を抑圧しています。また、個々人のレベルでも、心で思ったり言葉で言ったりしていることが「実際にある」と正当化することによって、私たちは嘘をついているわけです。つまり、私たちは言語記号的な能力、理性を持っているために、間違いを犯す可能性もあらかじめ秘めてしまっている。特に、「人の心」を考えようとしたときには、その可能性を考え、反省しながらやらないと、人のためにと思ってやっていることが、人に対するとんでもない暴力になることもある。そこを考えておきたい、というのが今日のテーマでした。

高阪　先ほどは、阪神・淡路大震災や空襲の話に時間を取ってしまいましたので、簡単に補足します。先ほど聞いていただきました、今一番人気のある沖縄出身のグループORANGE RANGEの『花』の歌詞に「花びらのように散りゆく中で」という一節があります。この歌詞には他にも「花びらのように散っていくこと」「花はなんで枯れるのだろう」等、「散る」花ばかり登場します。さらに「花は何で枯れるのだろう／鳥はなんで飛べるのだろう／風はなんで吹くのだろう／月はなんで明かり照らすの」と花鳥風月も混じっています。すなわちこれは沖縄の人が歌う詩ではなく、明らかにヤマト（日本）的発想でヤマトのマネです。ORANGE RANGEはよく「アレンジレンジ」と言われますが、ヤマトの歌にかなり影響され、迎合しているようです。しかし、私はこれを否定するつもりはありません。ノリのいいリズム、ラップの魅力など彼らの歌は確かにヤマトの若者をつかんでいるんです。何でも楽しんでやろうという風潮に合うでしょうね。うまくアレンジして訴えてかけているとも言えます。

奄美出身の元ちとせが歌った『朝花』にも触れておきます。これはものすごくきれいな歌ですね。哀調のこもった歓迎の歌、お祝いごとやお祭りごとには、必ず最初に歌う奄美の歌です。『朝花』には『長あさばな』と短い『あさばな』の二種類あります。短い方は、歌のある席では必ずと言ってよいほど最初に歌われるものです。「あさばな」は、アサガオを指しているのか、ツユクサあるいはハイビスカスなのか。奄美の人に聞いても、どれも該当しません。「あさばな」という花が実体としてあるわけではないようです。いろいろな説があるので、ご紹介します。「あさばな」を研究した人としては、奄美に昇曙夢《のぼりしょむ》、沖縄には伊波普猷《いはふゆう》という人がいます。今日、資料としてお配りしたのは小川学夫著『奄美の島唄』の一部です。まず、「朝の端」つまり「朝の始まり」であり、「ものごとの最初」を意味するものではないかという説があります。もう一つ「浅い端」と考えれば「浅い始まりがある」と取れます。それから、「あさばなのように若く浅い女にほれて」という歌詞がありますが、あさばなのようにというのは、「付き合いの浅い女」という意味ですね。つまり「あさばな」に込められた意味として、主に「ものごとの最初」「浅い始まりがある」「浅い付き合い」という三つの説があるわけです。

沖縄の三線《さんしん》は水牛の爪で演奏します。これに対して、奄美の三線は細い竹でシャンシャンと弾くんです。だから、非常にか弱い、か細い哀調のある音色になります。奄美は琉球とヤマトの中間にあって、その両方から砂糖島として何百年も搾取されてきました。その悲劇の歴史から生まれた『朝花』の中に込められているのは、「浅い付き合い」という意味です。薩摩の役人が奄美にやってくる。それを歌で歓迎するけれども、心の中では「浅い付き合い」を歌っているという説があるんですね。奄美の文化的、歴史的悲哀を、ここから学ぶことができます。

森　ありがとうございます。ORANGE RANGEの『花』のなかに、ヤマトの心が入りこんでしまっている点にも、「現代の悲哀」があるような気がいたします。「テダが花」の精神が失われつつあるということを感じました。次に浅野先生、お願いします。

浅野　「園芸療法」という言葉が入ってきたのは、一九九〇年代の初頭です。実は「園芸療法」という言葉が日本に入ってきたときに、造園関係者、農林水産省が一気に飛びついたんです。そして、療法という言葉が非常に一般化し、安直に「高齢者と一緒にお花を植えればそれで園芸療法」「明日から私もすぐできる」という感じのとらえ方をされてしまいました。それから一五年経ちました。

現在、淡路景観園芸学校では、アメリカの大学で四年間かかるカリキュラムを、一学年一五人、全寮制一年間、二〇〇〇時間でインテンシブに教えております。学生たちが、園芸のプロであるべきなのか、福祉が必要なのか、医療、治療を学ぶべきなのかということは、私たちの中でいつも論議されるところです。この九月から第四期生を迎えることになりますが、北は北海道から南は沖縄まで、全国から学生が集まります。兵庫県立の学校で、震災復興事業の一つです。学生一人に年間で約八〇〇万円の県費をかけ、各地に戻って活躍してもらうということをやっております。

園芸療法は作業療法の一部、あるいは同等と考えていいと思っております。ただし園芸には、非常にたくさんのプロセスがあるんですね。耕し、植え、雑草を取り、間引き、鉢上げをし、剪定をし、薬剤を散布し、施肥をし、収穫をし、その後お礼肥をする。こうしたプロセスのうち、どの部分をセラピーに活かすのかを考えるうえで、やはり私たちが、たくさんの引き出しを持っていることが必要になります。だから、植物の種類はもちろん、園芸の多くのプロセスも理解していないと、プログラムを適切に提供できない。だからこそ、園芸療法士という一つのプロの職域が成り立ち、それを養成する学校が必要になるのです。

学生は前半の一〇〇〇時間、九月から三月末までは、冬の時期ですので温室の栽培をします。そして四月から七月末まで全国の医療施設に行って、園芸を実施いたします。春入学にしますと、後半に病院や福祉施設に行きましても、ほとんど花が動かない時期ですので、九月入学にしております。そして、教えるのは基本的に有機農法です。高齢者の認知の改善などに使う場合、昔の風景、手法も分かっていないといけませんので、たとえば、稲の刈り取りは全部手刈りで行います。こうしたことも含めて指導しています。

森　ありがとうございました。では、川戸先生、お願いします。

川戸　先ほどは時間を取りすぎました。まだ話し切れないことが山のようにありますが、口を慎みます。ただ、加藤先生が「秘すれば花がすべてだ」と言ってくださったことは、私も本当にそう思っております。私にとって、「秘すれば花」というのはどういうことなのかを、あるいは、花にとって秘するということはどういうことなのかを探求していくのが、面白いですね。私にとっては、生きるエネルギーになっています。

森　では、企画者の斧谷先生から討論していただきたいと思います。よろしくお願いします。

斧谷　さまざまな分野の先生方にお話しいただきました。私は企画者として、それぞれが何らかのかたちでつながっていることを、みなさんに実感していただかないといけません。さきほど加藤先生がゲーテのことを持ち出されましたが、私もゲーテのことは念頭にあります。そこで、今回のシンポジウムの「企画趣旨」でも触れている解剖学者、三木成夫という人について手短にしゃべりたいと思います。といいますのは、実は、三木もゲーテの考えに学んでいまして、結局はゲーテにつながってくるんですね。

さて、人間の体がどんなふうにできあがっているか？　三木成夫は植物性の器官と動物性の器官と、その両方でできていると言います。植物性の器官は内臓系なんですね。内臓系は、われわれの意思を離れ、自律神経系によってコントロールされています。自律神経系は英語で autonomic nervous system。英語ではこのほかに vegetative nervous system（植物神経系）という言い方もあるんですね。

それに対して動物性の器官は内臓系を覆っている体の壁、つまり体皮系です。動物神経系は感覚運動をつかさどっていて、体性神経系とも言います。これは何かおいしそうなものがあると、それを知覚感覚でとらえて、そこに近づいていく運動を起こすわけです。これは三木成夫によれば、「遠い／近い」のうち「近い」という性格であるというわけです。それに対して内臓系は、自分の意思でコントロールできない。たとえば小腸を考えてみましょう。人間や動物は、獲物をとらえて口に入れ、食べるところまでは自分の意思でできる。しかしその後、食べたものが食道に入り、胃を経て、小腸にいたるまでの部分は、自分の意思ではコントロールできない。小腸は栄養分が自分のところにやってくるのを、ひたすら待ち受けているわけです。この「ひたすら待つ」というあり方が植物的なんですね。

そして、人間が存在できるのは植物のおかげです。大地に生えている植物は、「遠い」太陽の恵みを受けて光合成を行う。そこからすべてが育っていくわけですから、人間が植物を通して自分の体内に栄養分を取り入れるとは、太陽と大地の恵みを自分の中に取り入れるということです。人間には、この「遠い」太陽と大地の恵み、「遠」を感じ取る感覚もある、と三木成夫さんは言っている。この「遠」を感じ取るという感覚は、今日お話しいただいたすべてにつながってくる気がします。

田中先生のお話によると、植物は春夏秋冬というタイムスパンをきちんと感じ取りながら、花を咲かせ、種を作って生きています。そして花の色の鮮やかさというのは、太陽の紫外線を遮るための抗酸化物質によるものだということでした。つまり、植物には、いろんな形で「遠」というものと交流する力が備わっている。高阪先生も、「太陽が花である」「果物のなかに太陽が宿っている」と話されましたね。また浅野先生の話には、「植物の時間にチューニングする」という言い方が出てきまして、非常に感銘を受けました。われわれの体内でも、内臓系という自分の意思ではどうにもならない自律神経系の領域では、植物の時間と同じような時間が流れているんじゃないでしょうか。

それから、川戸先生が最後のほうで、「もう一つのリアリティ」「心の花」という言葉を出されました。われわれ人間は動物として自由に動き回れるような気になっていますが、実は、自分の意思ではどうしようもない内臓系というもう一つのリアリティがあるわけですね。今、脳科学では心は脳にあるとされ、「ある活動をすれば、脳のここの部分が活性化する」といった話が、新発見だ、新発見だ、とよく新聞などに載っています。しかし、あれはほとんど何も言っていないに等しくて、最後の結果を示しているだけですね。われわれの全体、われわれの心は、それを動かしている内臓系、そして遠い太陽と大地の恵みを含めたかたちで考えないと、絶対分からないだろうという気がします。

これは岩城先生のお話につながってくると思います。岩城先生が「分別」「識別」と言い換えて示された「悟性」という能力、これによってわれわれは感覚的な現象を識別しています。

これはほかの動物にもつながっています。もちろん人間特有の識別の仕方があり、あるいは年齢によっても違ってくるのですが、そこには無意識というものが関与しているだろうとおっしゃいました。この無意識的な能力は、さきほど述べた植物器官、植物神経系に近いような気がしますね。それに対して「理性」。岩城先生は、これを言葉の世界であるとされ、もともと誤謬とか間違いを引き起こす可能性もあるとおっしゃいました。つまり、言葉によって捉えられる現象は、実際の現象には必ずしも当てはまらない。それはイマジネーションで勝手につくり上げていくことができるような世界です。今申しあげたような脳科学的な見方による心のあり方は、脳のこの部位がたまたま活性化しているという結果だけを切り取ったものです。しかしそうではなく、内臓も含めた人間のあり方があります。言葉の世界のあり方も同じで、いわゆる「言葉」と言われているものは、言葉にならないようなイメージ、沈黙、無意識を含み込んだ言葉そのものの末端だと思います。

森　ありがとうございました。それでは、斧谷先生の議論を受けて、また先生方にお話しいただこうと思います。植物に直接関わっておられる田中先生と浅野先生はいかがお考えでしょうか。斧谷先生が言われた、植物の受動性、受け身性という問題は、田中先生のお立場からどんなふうに感じられますでしょうか。浅野先生は、植物の時間へのチューニング・インについて、話してくださいました。加藤先生から、八年間というスパンで、患者さんの時間と柿の木の時間とが連動するお話がありました。園芸療法では八年間にわたるということは、今の活動の中では多分視野に入っていないと思いますが、さまざまなスパンのリズムが、園芸療法ではどのように考えられているのか、お聞きしたいと思います。まず田中先生お願いします。

田中　「植物的な器官」「動物的な器官」という言葉から、植物は感じないという印象を持たれているようですね。それを象徴するのが「植物人間」や「植物状態」という言葉です。刺激に対して反応しないということを植物にたとえているものですが、実は、植物は刺激をすごく敏感に感じています。

まず視力という意味では、自分の周りにどれぐらいの植物が生存しているかを、光の質の変化できちんと知っています。嗅覚もあるし、触覚もあります。菊の鉢植えは毎日なでまわして育てていれば、太く短くたくましく育ちます。それから、種をまいたら、絶対に根は下に向かって伸びていくし、芽は上に向かって伸びていきます。これは地球の重力というのをちゃんと感じて、上と下を見分けているということです。

植物は動き回れないじゃないか、という意見があるかもしれません。しかし、植物は動き回れないんじゃなくて、動き回る必要がないんです。動物が動き回る理由を考えたらすぐわかります。食べ物を捜し求めているわけです。それに対して、植物は自分で自分に必要な栄養を作りますから、動き回る必要はありません。もう一つ、動物が動き回っている理由は、生殖の相手を捜し求めるためです。今日お話ししたように、植物は自分が動き回らずに、健全な子孫を残す仕組みを十分持っています。そう考えたら、昔から言われている「植物状態」というのと本当の植物の違いを、もう少し知っていただけると思います。

浅野　どうチューニングをするかというお話ですが、まず、リハビリテーションにおける内発的発展の可能性を探るということが、私は園芸療法の最も大切な視点だと思っています。私たちの仕事は、医療点数には入りませんが、患者を中心としたチーム医療のなかで、さまざまな情報をもとに、どのように内発的発展をさせていくか考えます。種をまくのがいいのか、あるいは盆栽がいいのか。それから、先ほども少しお話しましたが、ホスピスにおける園芸療法では、植物の花というよりも、むしろ時間の「華」をどう与えるかを中心に考えます。モーニングワーク、残された人たちのグリーフケアへどうつなげるかを考えて、植物を介在させることもあります。長期の入院になりますと、樹木、果樹を育てるということは当然ありますし、先ほど加藤先生からお話があったような、桃栗三年ということも、園芸療法の範疇にあります。

さらにもう少し考えますと、天気の悪い日にどう過ごすかという問題も出てきます。日本の文化の中には、たとえば二四節気、すなわち二週ごとに季節をめでる感性があります。短歌や連句を使いながら、窓から見える景色をクライエントとどう築き、共有していくか。我々はこれも園芸療法と考えて、学生を指導しております。すぐに土を使うのが園芸療法ではないと考え、そのなかでチューニングの多様性を考えているつもりです。

森　ありがとうございました。ここからは、何かお話のある先生に手を挙げていただいて進めていきます。加藤先生、どうぞ。

加藤　僕は三〇年ぐらい気功をやっていますけど、花も気功をやっていると思うんです。実際感じるんですよ。

僕は西洋医学と同時に中国医学をやっていて、いろいろな植物の根を使って治療しています。だから、患者さんに薬を渡すときに、「これはナツメが入っていますよ」「これはリンドウが入っていますよ」「これはサンザシが入っています」「クチナシが入っています」と、その植物の花の名前を言うんです。ただ薬の名前を言うだけでなくて、花の名前を言うと、みんな「ああそうか、私たちの近くのものなんだな」と思う。それが一つの治療の方法なわけです。

たとえば、アレルギーの人に僕らが使っている薬は竜胆瀉《りゅうたんしゃ》肝湯《かんとう》というのですが、そういうことを言っても分からない。でも「これはリンドウが入っていますよ」と言えばわかる。「紫色のあれですね」「ああ、そうですよ。それを飲んでください」

と言う。不思議に漢方がよく効く方法ですね。

必ず僕は「あなた、花は好きか」と訊きます。庭に咲いている花を全部言ってもらうこともある。患者さんに「自分を治す花を見たい」と言われたら、「あなた知ってるでしょ」と言う。季節によっては、写真を撮ってきてもらって、それを眺める。そうすると不思議なことが起こる。花は僕らにとっては、根がどんな薬を持っておるかを示すサインです。だから僕らは花を見て根を見ておるわけです。

咽津功《いんしんこう》という気功の手法があります。どういうことをやるかというと、まず口の中で舌をかき回す。次は口の外で回す。そうすると唾液が出てくる。その唾液をずっと下ろしていく。胃のほうに飲んだらあかん。丹田に唾液が下りていくようにする。これはイメージ療法ですね。そうすると、おなかが張ってくる。これが中国でいう内丹気功、内丹法ですね。そうして溜めた唾液が薬になる。今日はちょっと調子が悪いなと思ったら、丹田にたまっている薬丹をぐーっと上に上げてきて飲み込む。そうすると一遍に風邪が治る。僕らは自分で自分の中に、薬を自己生産するわけです。

花もその内丹法をやっているのだと思います。太陽光線というのは、いろいろな波長が入っておるでしょう。虹は目で見たら七色やけど、本当はもっと多い。花の感ずる波長というのは、だいたい色でしたら一千万以上。これぐらいの光線を花はキャッチしているんですね。花は動かないでじっとしているように見えるけれども、非常に頑張っておるわけです。内丹して、根に薬をつくっている。花のいろいろな色は虫を呼び寄せるためだけではない。太陽の光線をいろいろ選択して、自分の中に薬を作っている。花が内丹法をして薬を作っているというのは植物生理学をやる先生から見たら、ちょっと滑稽な話かも分からんけど、実際自分が内丹法をやっていますと、花の心がよく分かる。

森　ありがとうございました。ほかの先生方、いかがでしょうか。

高阪　日本はすごく花に恵まれています。季節折々、いろいろな花が咲きます。そういう意味で、ここでこういう議論ができることを非常に喜ばしいと思いました。

私は常夏の国タイに、毎年行っています。現地で日本文学について話をするとき、たとえば、「秋来ぬと　目にはさやかに見えねども　風の音にぞ驚かれぬる」という有名な歌を紹介します。しかしこれを、タイ語で訳しても分かってもらえません。常に暑い風が吹いているので、秋のさわやかな風なんて分からないのです。また「春過ぎて　夏来にけらし　白妙の　衣干すてふ　天の香具山」も、白い服を五月に虫干しする衣替えの光景が、年中白い服を着ているタイの人には、分からないんですね。

「秘すれば花」についても、こういう概念は、常夏の国の中では分かってもらいにくいのではないかと思います。タイの私の知人で、『風姿花伝』を読み、ハーバード大学で世阿弥を研究して博士号を取った方もいますが、やはり非常に長い時間研究しないと入っていけない、相当のギャップがあると思います。一方で私が先ほど紹介した「あさばな」のように、実体がなく、「はな」という非常に抽象的な、高尚な概念だけがある。これはまた世阿弥の「秘すれば花」にも通ずると思いますね。日本が、四季折々の花にすごく恵まれているからこそ、こういうタイトルでシンポジウムが開かれるんだなと今、つくづく思いました。

森　ありがとうございます。「秘すれば花」という言葉が出たところで、能について研究会で発表してくださった、岡山大学の金関猛先生が、今日フロアに見えておられますので、もしよろしければ、コメントをお願いします。

金関　私も今、能を「心のリアリティを表現する演劇」ととらえています。例えば『井筒』という演劇は、夢を舞台とすることによって、人間の無意識の動きを正確に描写していきます。『井筒』の中では、夢が舞台となり、夢のなかで過去が再現され、願望充足が実現していく。そういった夢のとらえ方は、フロイトの理論と根本的なところで一致しますので、非常に正確に無意識や、人間の心を把握していく演劇ととらえられるのです。

世阿弥の『風姿花伝』をはじめとする演劇論は、これらをどう解釈するかはともかく、一種の哲学書として考えることもできるかもしれない。しかし、世阿弥が演劇論を書いたのは、やはりいかに優れた演劇を書くか、あるいはいかにスターとなるか、スーパースターを作り出すかということを、第一に考えてのことと思います。

その中で「花」という考え方も、いかに観客に「花」という効果を与えるかを重んじて、論じられていると思いますし、世阿弥の演劇論で非常に優れているところは、やはり観客という要素を入れて、演劇を考える点。つまり、演劇は観客という他者なしには、あり得ないということをはっきり認識して、演劇全体を考えたということではないかと思います。

『風姿花伝』では、人間の心、無意識といった問題は、表立っては一切論じられていませんが、僕自身は、実作と理論の間にあるそうしたギャップを感じています。そのあたりは、川戸先生としてはいかがでしょうか。

川戸　ありがとうございます。私は先生と違いましてユング派なので、直接的に無意識の願望充足や抑圧が出ているといったことは、考えておりません。そこは少し先生と違うとは思います。ただ、世阿弥が書くものは、四十歳以降だんだん変わっていっております。そのため私は、『風姿花伝』だけに注目するのではなく、彼が書いたプロセスと、室町という時代に、能という形で表現された、彼の生き方自体に目を向けています。実作と理論の間にずれがあるという点は、あまり意識しておりませんでした。そうした見方もあると思います。また私も、そういう形で見てみたいと思います。

森　フロアから、ご意見、あるいはご質問などありましたら、お願いします。

質問者1　昭和四十年に甲南大学の経済学部を卒業した者です。高阪先生と同じぐらいの歳かと思います。日本では「花は桜木、人は武士」という言葉がありますね。ORANGE RANGEの『花』は、私の娘が聞いているので少し知っていましたが、「花が散る」と歌詞にあるのは知らなかったです。

　戦争中に大人から聞いた話ですが、「万朶の桜か襟の色／花は吉野に嵐吹く／大和男児と生まれなば／散兵線の花と散れ」という軍歌（『歩兵の本領』）でも「散る」は一回だけなんですね。自殺がイラクの自爆テロの数より多いという記事を読みましたが、大変怖い世の中になりそうな気がしています。軍歌よりも「散る」ことが強調され、太陽もどうせ消えてなくなるという歌が流行っている。明るく歌っていますから、僕も気づかなかったのですが。高阪先生、どう思われますか。

森　ありがとうございます。沖縄でも永遠に輝き続けるテダが花というより、散る花というイメージが強くなってくることと、現代の世相との関連はどうだろうか、というご質問だと思うんですが、高阪先生、いかがですか。

高阪　最近沖縄でORANGE RANGEの『花』とは逆に、テダが花を歌ったグループが出てきて、流行りつつあるようです。願わくばこうした方向で行って欲しいと感じます。

「花びらのように散っていく」という、散華の思想は有名ですが、日本の桜にイメージされるものは、よくないものもあるんですね。文学でも美しさ故に「桜の樹の下には屍体が埋まっている」（梶井基次郎「桜の樹の下には」）という言い方をしています。「久方のひかりのどけき春の日に　しづ心なく花のちるらむ」というのは、斧谷先生が引用していましたが、これはのどかないい歌だと思うんですね。つまり、桜にもいい面と悪い面がある。アンビヴァレントな状況が、桜の中にあると思います。こういうものが両存していく文学もありますね。ORANGE RANGEは、今若者に圧倒的人気があるんですね。私もそれとなく聞いていたら、「花びらのように散りゆく中で……」というリフレーンの歌詞が出てきた。「現代の散華の思想かな。いや、沖縄らしさは全然ないな。これはマネかな」と思えてきました。あまりいい感じではないですね。

　今の沖縄の状況は、沖縄の人がまねたのではなく、間違いなく本土の側から押しつけたものです。沖縄の人も、それを消化して、アレンジして行かざるを得なかった。沖縄で、小さな島に七〇億円かけた大きな橋がかかっています。それで通行量は一日二〇〜三〇台しかない。そんな橋が二つも三つもかかっている。公共事業開発で沖縄「らしさ」というのが崩れています。

私は先ほど、タイの話をしましたけれども、タイで、「これは何の花ですか」と聞いたら、タイ語で「ドクマー」と返ってくるんですね。「ドクマーって何だい」と聞いたら、「それは『花』ということですよ」と。何を聞いても「花」とだけ言って、種類は知らないんです。呑気なんですね。そして「散る」という思想は南国にはないと思います。常に咲いていて、日本のようにはかなく散ることがない。「花」は「花」なんですね。日本人の豊かで複雑な感性は、めぐる季節と花によってできているんですね。沖縄も常夏ですから、そういう感性は、実は沖縄にもなかった。つまり、世界の一部の人たちだけが、独自の感性でもって、こういう議論ができるということも、考えておかなければいけないとは思います。

森　ありがとうございます。港道先生、お願いします。

港道　甲南大学の港道です。非常に興味深い多くの報告をありがとうございました。まさに今問題になっていることについて、ここであまり議論されなかった点を補足させていただきます。日本の伝統においても古代、花に「散華の思想」はなく、生命力を謳歌するという面が強かったようです。明治以来の日本近代国家が、「天皇制」とともに大々的に「散華の思想」を、流行歌などの庶民に浸透する文化形態として作り出していくわけですね。

人類学者の大貫恵美子さんが『ねじ曲げられた桜』（岩波書店、二〇〇三）の中で、学徒出陣した特攻隊員たちの手記を細かく分析しています。それによれば、彼ら自身も、国家戦略によって自らの命を「散る桜」と自己理解していながら、靖国神社の桜として蘇るとは決して考えていなかったのです。ですから、「散華の思想」が日本のものだと言い切るには、留保が必要だというのが一点です。

もう一点ですが、「散る桜」という自己理解の中に自殺という概念はないことを大貫さんは表明しています。特攻というのは決して自殺ではない。大貫さんは、イラクやロンドンで起こっている自爆テロは自殺だとおっしゃっているんですが、それも誤りだと思います。「散る桜」の中にも、自殺という認識はなかったということを付け加えておきます。

森　ありがとうございます。それに関して、斧谷先生。

斧谷　小川和佑さんの『桜の文学史』（文春新書、二〇〇四）のなかにも、古代の桜は、散るのをめでるようなあり方ではなかった、とあります。やはり、生命が萌え出づることを祝う、豊穣を祈るという形でとらえられています。小川さんは、散華の思想が、本居宣長あたりから始まってきたという見方をしていたと思います。

森　斧谷先生はこの企画を考えられるときに、「散る桜」というイメージから離れて議論していきたいと強調されていました。植物学の田中先生から見られると、散華の思想とか「散る桜」のイメージというのは、どう映るんでしょうか。

田中　……？　そういう気持ちで見たことないですね。（場内笑）

森　そういう答えが返ってくるのではないかと思っていました。ありがとうございます。最後に何か言っておきたいという先生はおられませんか。フロアからでも結構です。

質問者1　散華の思想とは違うかもしれませんが、「死して護国の鬼となる」という考え方もあったのではないでしょうか。面白いと思うのは、花は散っても、桜の木は散っていないということです。何で花だけが散っているのに、自分を、命を粗末にせないかんのか、そう考えた日本人がいたら、歴史は変わっていたかもしれないと思います。どうでしょうか。やはり、命を粗末にするような動きが出てくるのは、あまり感心できないと思うんですが。

森　ありがとうございます。桜のイメージに関しては、歴史的な変遷を綿密に検討した研究も、すでに出ています。今の若者達が花に託して「散る」といっているのは、古くからあるイメージを単に使っているものなのか、それとも、もっと実感として「散る」というイメージが世の中に広まっているのか。この点は、私としても非常に関心があるところです。

質問者2　田中先生のお話は、さまざまな刺激、感情に対して、植物は自身で判断して、行動を起こすということでしたね。そうなると、岩城先生のカントの概念でいくと、いわゆる分別、悟性の判断は植物にできるのかな、と考えたんですが。植物や動物は言語を有しておらず、言語能力を持たずに判断する。人間は、理性で判断するということだと思いますが、仮に人間から言語能力を完全に消去した場合、動物や植物が行うような判断をできるとは、私には想像できないのです。つまり、植物の判断と、人間が言語を用いた判断というのは、どう違うのか疑問に思いました。

岩城　田中先生のお話、すごく面白かったです。さまざまな反応が、植物自体の中で行われているということですね。理性と、植物の判断・反応との区別はどこにあるかというと、理性のシステムは外在化できるということ。つまり、辞書、あるいはコンピューターのソフトのように外側に作れて、それを私たちは再度利用できるということです。

そうすると逆に、たとえば、ワープロ機能を使うようになった人間は、漢字を書こうと思っても思い出せないという状況も起こる。私たちの脳は、システム化して外に出てしまい、その代わり内部が空っぽになるということがある。植物の場合には、内部の規則を意識的に取り出して、外在化することはしていない。そこはやはり理性と違います。

今日の話を聞いていると、われわれの理性である言語記号能力がどう働くかによって、自然の見方は変わってくる。だから、今日の斧谷さんの、内臓と感覚、植物と動物、遠と近に分ける見方は、やはり一つの言語としての分け方であって、こう分けたときにはこう見える、というだけのことだと思います。ほかの見方をしたら、また全然違う見方ができる。

ですから、今日、田中先生がおっしゃった見方というのは、植物の現象を細かく研究していって、それを再度言語のシステムに直して、見直したら、これまでとは違った植物の見え方ができるという提案だと思います。われわれのものの見方は、われわれが言語をどういうふうに使うかによって、いつも違ってくる。私たちは、どういう言語を使って物事を考えているかについて、つねに自覚的でないと、あたかも、言語を離れて実在的なものが存在しているかに思えてしまい、それは非常に素朴な実在論になってしまいます。

田中　植物がいろいろな局面に応じて、適切な反応をしているというのは、事実だと思います。それを植物が、そういうふうに思ってしているととらえるのは楽しいんですが、もうちょっと冷たく評価したら、たまたまそういう性質を持った植物が生き残ってきていると考えたほうがいいと思います。

森　ありがとうございます。各先生方のお話をもっと聞きたいのですが、時間が予定より長くなっておりますので、このあたりでシンポジウムを締めさせていただきます。

今日のシンポジウムは、多様な専門家の方に、花について語っていただきましたので、どうつながるかと心配しながらスタートしましたが、議論は集約されてきたような感じもします。最後に、企画者の斧谷先生から、一言ご挨拶をお願いします。

斧谷　こちらに座っているのと、フロアでお聞きになっているのとでは、かなり印象が違うと思うので、企画者としては、うまくいったのかどうかわかりませんが、面白いと思ってくださった方が、少しでも多くおられたらと思います。最後まで参加していただいて、ありがとうございました。

服部　正（はっとり・ただし）

1967年生。大阪大学大学院修士課程修了。兵庫県立美術館学芸員。ボーダレス・アートギャラリーNO-MA運営委員。西洋美術史専攻。専門はアウトサイダー・アート。著書に『アウトサイダー・アート—現代美術が忘れた「芸術」』（光文社新書）、企画した主な展覧会に「アート・ナウ98—ほとばしる表現力」（1998年、兵庫県立美術館）、「モノと思い出—記憶の指標としてのアート」（2005年・共同企画、ボーダレス・アートギャラリーNO-MA）など。

川戸　圓（かわと・まどか）

1947年生。大阪女子大学大学院修士課程修了。大阪府立大学教授。専門は臨床心理学。ユング派分析家。著書に『治療精神医学』（共著、医学書院）、『心理療法とイニシエーション』（共著、岩波書店）、『心理療法と物語』（共著、岩波書店）、訳書に『女性性の誕生』（共訳、山王出版）など。

加藤　清（かとう・きよし）

1921年生。京都大学医学部卒。京都大学医学部助教授をへて国立京都病院に精神科を創設。専門は精神医学、医学博士。現在、隈病院顧問。著書に『分裂病者と生きる』（共著、金剛出版）、『精神の科学』10（共著、岩波書店）、『癒しの森』（監修、創元社）、『霊性の時代』（共著、春秋社）他。

岩城見一（いわき・けんいち）

1944年生。京都大学大学院博士課程単位取得退学。京都国立近代美術館館長。専門は感性論（美学・哲学・芸術学等）。著書に『西田哲学選集』第六巻（「芸術哲学論文集」（編・解説、燈影舎）、『感性論・エステティックス—開かれた経験の理論のために』（昭和堂）、『芸術／葛藤の現場—近代日本芸術思想のコンテクスト』（晃洋書房）ほか。

斧谷彌守一（よきたに・やすいち）

編者略歴欄（奥付頁）に記載。

執筆者略歴（論文掲載順）

金関　猛（かなせき・たけし）

1954年生。京都大学大学院修士課程修了。岡山大学文学部教授。専門はジークムント・フロイト研究。著書に『能と精神分析』（平凡社）、訳書に『シュレーバー回想録』（共訳、平凡社）、フロイト『失語論』（平凡社）、ブロイアー／フロイト『ヒステリー研究』（筑摩書房）など。

高阪　薫（たかさか・かおる）

1939年生。東北大学大学院修士課程修了。甲南大学文学部教授。専門は日本近代文学・思想史・沖縄民俗学他。著書に『沖縄の祭祀―事例と研究』（編著、三弥井書店）、『沖縄祭祀の研究』（編著、翰林書房）、『藤村の世界』『四迷・藤村・啄木の周縁』（和泉書院）、『南島へ南島から』（編著、和泉書院）など。

田中　修（たなか・おさむ）

1947年生。京都大学大学院博士課程修了。農学博士。現在、甲南大学理工学部生物学科教授。専門は、植物生理学。著書に『クイズ　植物入門』（講談社、ブルーバックス）、『ふしぎの植物学』（中公新書）、『つぼみたちの生涯』（中公新書）、『緑のつぶやき』（青山社）、『人間／植物／環境』（共編著、社団法人全国学士会）など。

浅野房世（あさの・ふさよ）

上智大学経済学部卒。兵庫県立大学自然・環境科学研究所教授。2006年4月より東京農業大学教授。専門は造園・都市計画・園芸療法ほか。農学博士（人間植物関係学）。一級造園施工管理技士・技術士。著書に『人にやさしい公園づくり―バリアフリーからユニバーサルデザインへ』『安らぎと緑の公園づくり―ヒーリング・ランドスケープとホスピタリティ』（ともに共著、鹿島出版会）ほか。

刊行の辞

叢書〈心の危機と臨床の知〉は、甲南大学人間科学研究所の研究成果を広く世に問うために発行される。文部科学省の学術フロンティア推進事業に採択され、助成金の補助を受けながら進めている研究事業「現代人の心の危機の総合的研究――近代化の歪《ひず》みの見極めと、未来を拓く実践に向けて」(2003〜2007年)の成果を７冊のアンソロジーにまとめるものであり、甲南大学の出版事業として人文書院の協力を得て出版される。同じく学術フロンティア研究事業の成果として先に編んだ、『トラウマの表象と主体』『現代人と母性』『リアリティの変容?』『心理療法』(新曜社、2003年)の続編であり、研究叢書の第二期に相当する。

今回発行する７冊は、第一期より研究主題を絞り込み、「近代化の歪み」という観点から「現代人の心の危機」を読み解くことを目指す。いずれの巻も、思想、文学、芸術などの「人文科学」と、臨床心理学と精神医学からなる「臨床科学」が共働するという人間科学研究所の理念に基づき、幅広い専門家の協力を得て編まれる。近代化の果てとしての21世紀に生きるわれわれは、今こそ、近代化のプロセスが生んだ世界の有り様を認識し、その歪みを直視しなければならない。さもなくばわれわれは歪みに呑み込まれ、その一部と化し、ひいては歪みの拡大に手を染めることになるだろう。危機にある「世界」には、個人の内界としての世界、あるいは個人にとっての世界と、外的現実としての世界、共同体としての世界の両者が含まれるのはもちろんのことである。

本叢書は、シリーズを構成しながらも、各巻の独立性を重視している。したがって、それぞれの主題の特質、それぞれの編集者の思いに従って編集方針、構成その他が決定されている。各巻とも、研究事業の報告であると同時に、研究事業によって生み出される一個の「作品」でもある。本叢書が目指すものは、完成や統合ではなくむしろ未来へ向けての冒険である。われわれの研究が後の研究の刺激となり、さらなる知の冒険が生まれることを期待したい。

編者略歴

斧谷彌守一（よきたに・やすいち）

1945年生。京都大学大学院文学研究科修士課程修了。甲南大学文学部人間科学科教授。専門は言語論、文学論。著書に『言葉の二十世紀』（ちくま学芸文庫）、『リアリティの変容？——身体/メディア/イメージ』（編著、新曜社）、訳書に『照らし出された戦後ドイツ』（共訳、人文書院）など。

Printed in Japan 2006
ISBN4-409-34030-1 C3011

花《はな》の命《いのち》・人《ひと》の命《いのち》
土と空が育む

二〇〇六年 二月二〇日 初版第一刷印刷
二〇〇六年 二月二八日 初版第一刷発行

編 者 斧谷 彌守一

発行者 渡辺博史
発行所 人文書院
612-8447 京都市伏見区竹田西内畑町九
Tel 〇七五（六〇三）一三四四 Fax 〇七五（六〇三）一八一四
振替 〇一〇〇〇・八・一一〇三

印刷 創栄図書印刷株式会社
製本 坂井製本所